一點心意、一點新意，
讓生活從此不再平凡！

一點心意、一點新意，
讓生活從此不再平凡！

家的幸福味道

60道

不麻煩、健康又省錢的**米飯麵食**好滋味，
即使一個人也能在家好好吃頓飯

速、易、省

5–8步驟簡單上手，
隨時滿足你念想的米
飯麵食美味！

前言 Preface

主食的別緻嘉年華，60 道超好上手的米飯麵食料理！
創意新美味＋熟悉再翻倍，讓你大享朵頤之樂

餐餐必備的主食，要如何料理才能推陳出新呢？

所謂「主食」，就是餐餐都要吃的東西，這種變成半例行公事的飲食，最難從中製造出新意了！但是，也正是因為普遍，所以一丁點的改變就可以跳脫陳腐；因為平凡，所以一丁點的亮點都會引人驚奇。

在本書中，凌介介將告訴你：
在主食中加入創意元素其實 SO EASY！

花樣米飯、豐富營養的蓋飯、幸福滿溢的創意麵、時尚美味的快手早餐，還有各種好吃的巧思麵食等等，道道料理都精彩，口口穀香都帶來新的感受，關鍵是一學就會，新手也能創造出餐桌上的

無限驚喜。圖文並茂的暖心小知識，讓你從基本食材到各式調味料、食材種類、用法，都能輕鬆掌握不混淆。

　　在書中，每道主食都有創意靈感的表達，你可以擷取靈感為己所用；也有詳盡的製作步驟與圖片展示，你可以一頁一頁跟著慢慢學，怎樣都不出錯。從材料到準備工作的慢活時光，到廚房開始飄香的具體製作，步步到位；另外，還有貼心的「凌介介說」，提醒你在製作過程中要注意的各種小問題，隨時幫你的料理腦加分，隨時刺激你的靈感來源喔！

　　書末，凌介介還分享了獨家製作手工麵條的祕方，以及黑芝麻吐司的製作全過程，在基礎中加入一些你喜歡的元素來調和跟變化，讓人從此愛上回家用餐的時光，崇尚從無到有手作的人絕對不能錯過。

 目錄 Contents

\ Part1 /
10道
別緻米飯的花樣年華

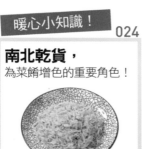

\\ **Part2** /

12道
一個人也可以好好吃的蓋飯

咖哩山藥肉末蓋飯 048

黑胡椒蠔汁草菇肉醬蓋飯 050

三杯肉末豆腐蓋飯 052

醬燒豆皮小排蓋飯 054

暖心小知識！ 056

不知道如何調味？
讓美味的醬料成為你的好幫手！

爆炒鱔魚蓋飯 058

印尼沙嗲牛肉蓋飯 060

暖心小知識！ 062

營養豐富的豆豆，
適度食用好處多多！

櫛瓜雞球蓋飯 066

醬燒雞排蓋飯 068

迷迭香烤鴨腿蓋飯 070

\Part3/
16道
一吃就有幸福感的創意麵

Part4
12個
時尚早餐主食提案

黑麥核桃乳酪麵包 114

培根香蔥肉鬆包 116

全麥照燒雞排餐包 118

藍莓烤吐司布丁 120

蘋果肉桂麵包布丁 122

早餐三明治 124

菠菜牛肉起司司康 126

洋蔥午餐肉司康 128

巧克力大理石格子鬆餅 130

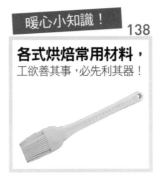
\Part5/

10道
巧思麵食的美味祕密

Part 1

10道
別緻米飯的花樣年華

Rice: Delicate and Varied

米飯，是中國人飯桌上少不了的主食。現在，我們讓電鍋放個假，讓白米飯也玩出新花樣！加入繽紛蔬食一起炒，讓全家人吃得健康；加入牛肉湯拌一拌，每一粒飯都裹上濃香；或是加上起司來做個焗飯，讓米飯也能吃出披薩的幸福拉絲感；又或者，加上泡菜燜一燜，米飯就搖身變成豪華韓式料理。從最普通到最特別，就是這麼簡單。

黑胡椒奶油芥菜飯

　　奶油是一個很普遍的食材，一般超市都有販售，在烘焙中也很常見。運用奶油炒飯，跟用一般的沙拉油或葵花籽油炒出來的香氣完全不同，飯粒會帶著天然的奶香氣。黑胡椒奶油芥菜炒飯，加入奶油，再加起司，是一款特別的飯食，奶素者亦可食用。

奶油炒成的香香素食飯！

材料：

- ◆ 隔夜飯300克
- ◆ 起司片1片
- ◆ 芥菜130克
- ◆ 黑胡椒適量
- ◆ 奶油25克
- ◆ 鹽適量

準備：

1.芥菜洗淨，將菜梗和葉子分開切成末。

2.將起司片切成小塊。

製作過程：

❶ 奶油下鍋融化，放入芥菜梗末炒勻。（圖1）

❷ 加入米飯炒鬆，和芥菜梗末炒勻。

❸ 放入芥菜葉炒勻。

❹ 加入適量黑胡椒。（圖2）

❺ 加入適量鹽調味，關火。

❻ 加入切成小塊的起司片，跟米飯一起拌勻，用飯的熱度來使其融化。（圖3）

凌介介說：

◆ 這道加入奶油的香噴噴米飯，奶素者亦可食，搭配餐桌上常見的綠色蔬菜，另類搭配竟不會顯得唐突，卻是另一番新式風味的體驗。切記，一定要先炒難熟的芥菜梗，然後再放芥菜葉喔！若是不喜歡芥菜的味道，可將其換為青江菜，一樣非常的對味。

圖1

圖2

圖3

南瓜鮮蝦炒飯

　　上班途中總會路過市場，我喜歡經過這裡的感覺，看著琳瑯滿目的各色蔬菜一字排開，彩虹般交織的色彩如此奪目。有位大嬸正俐落地用刀切開一個漂亮的南瓜，黃澄橙的切面，一看就知道煮熟後一定綿軟又香甜。

　　買一個南瓜，看是要做南瓜餅、南瓜吐司、南瓜粥，或者南瓜海鮮炒飯，都新鮮又美味。

清甜南瓜帶來的驚喜！

材料：

◆ 南瓜120克　　　◆ 蝦仁60克　　　◆ 米飯400克
◆ 鹽適量　　　　　◆ 橄欖油適量　　◆ 香蔥適量

準備：

1. 南瓜去皮去籽，切丁備用。
2. 蝦仁剝殼，去蝦腸後備用。
3. 香蔥切末備用。

製作過程：

圖1

① 鍋中倒入橄欖油燒熱，倒入蝦仁翻炒至蝦仁蜷縮成球，變成紅色後盛出備用。（圖1）

② 鍋中繼續倒入橄欖油燒熱，倒入南瓜丁翻炒，可加入一些水煮一下，等到南瓜變軟，盛出備用。

③ 鍋中再倒入橄欖油燒熱，倒入米飯炒至顆粒分明，將南瓜丁倒入一同翻炒均勻。

圖2

④ 倒入蝦仁一同翻炒均勻。（圖2）

⑤ 加入適量鹽調味，撒上香蔥末稍微拌勻即可盛盤。（圖3）

凌介介說：

◆ 米飯最好用隔夜飯，因為隔了一夜的米飯已經蒸發掉一部分水分，飯粒比較乾，做炒飯最適宜。

圖3

四蔬素炒飯

　　對於素食，我不敢妄言說自己很瞭解，只是單純喜歡。蔬菜高湯如何燉製？什麼食材不能使用？如何搭配才能讓食材營養得到最大的發揮？如何確定擺盤的風格？最後，還要給菜餚起一個美妙的名字，一道素菜才算完成，而這並非大家想像的那麼容易。

　　素食如此嚴謹，絕不能說只是蔬菜和豆製品的結合。但簡單的款式，我倒是可以製作一二，像這道四蔬素炒飯，取用四種蔬菜與米飯在一起做，顏色艷麗，口感豐富，健康的同時也能填飽肚子，非常適合與家人一同分享。

簡單就製作出繽紛素食！

材料：

◆ 紅蘿蔔80克　　　　◆ 玉米80克　　　　◆ 豌豆80克

◆ 鴻喜菇80克　　　　◆ 米飯400克　　　　◆ 鹽適量

準備：

1.豌豆去絲，洗淨後切小段備用。
2.玉米洗淨，剝下玉米粒後備用。
3.紅蘿蔔去皮洗淨，切成小段備用。
4.鴻喜菇洗淨備用。

製作過程：

圖1

❶ 鍋中倒入適量橄欖油燒熱。

❷ 將四種蔬菜一起倒入鍋中翻炒約2分鐘。（圖1）

❸ 倒入米飯翻炒均勻。（圖2）

❹ 加入適量鹽調味後即可盛出。（圖3）

圖2

圖3

凌介介說：

◆ 處理掉豌豆的絲是一個很重要的步驟，切不可偷懶，否則吃起來很影響口感喔！

閩南鹹飯

　　閩南人喜歡吃鹹飯。鹹飯製作方式簡便，可加非常多的配料，料理的過程中香味四溢。儘管各家鹹飯的配料各不相同，但通常會有蝦皮、鮮蚵、蝦米等海鮮乾貨，主要是提鮮的作用；而主食材五花肉也必不可少，用少量油將五花肉的油脂逼出來，便成了香噴噴的豬油，製作出來的鹹飯便有一股動物脂肪的滑潤香氣。人們在飯中還會加入蔬菜，最常用的是高麗菜、紅蘿蔔等。有的人也會用芥菜梗、大白菜，隨個人喜好。另外，芋頭也是常見的提香之物。

　　我自己製作鹹飯沒有固定的搭配。比如，本篇用的蔬菜是芥菜梗，沒有加紅蘿蔔，雖有豬油，但最後還加入了甜辣醬和炸香的蔥頭酥來拌炒，閩南的鹹飯本來就好吃，加上提香亮點後，就更加美味了。

吃過一口就愛上的鹹香！

材料：

◆ 五花肉160克　　◆ 香菇30克　　◆ 蝦皮50克
◆ 芥菜梗180克　　◆ 芋頭適量　　◆ 生抽醬油25克
◆ 鹽適量　　　　◆ 白米3杯

準備：

1.香菇、蝦皮提前用水泡發。

2.白米提前半小時泡水。

3.五花肉切薄片備用。

4.芥菜梗洗淨切絲備用。

5.芋頭洗淨切塊，下油鍋炸至金黃色撈出備用。

圖1

製作過程：

❶ 鍋中加入少量油，倒入五花肉片爆香並逼出油脂。

❷ 倒入擠乾水分的香菇和蝦皮爆香。

❸ 倒入芥菜梗，翻炒至均勻。（圖1）

❹ 加入生抽醬油，將鍋內食材炒至上色。

❺ 將上述原料放入泡水的米中攪勻，加入適量鹽。（圖2）

❻ 加入炸好的芋頭塊。（圖3）

❼ 用電鍋將飯煮熟即可。

圖2

凌介介說：

◆ 閩南鹹飯一定要搭配甜辣醬和炸得酥香金黃的蔥頭一同拌著吃，才夠正統喔！

◆ 鹹飯中的芥菜梗是取其爽脆口感。也可以用高麗菜替代。

圖3

暖心小知識

南北乾貨，
為菜餚增色的重要角色！

　　乾貨泛指以曬乾、風乾等方法去除水分後所製成的食材，如乾香菇、干貝。古代交通不便，南來北往之商旅路途遙遠，一趟買賣行程動輒數月甚至長達半年以上，新鮮食材體積龐大載運不便，加上容易腐敗，故聰明的生意人便將各地特產製成乾貨，不僅利於攜帶，更將食材的美味濃縮其中，要食用前先將乾貨透過合適的漲發方式重新吸收水分，使其恢復原狀、回軟再進行烹飪即可，乾貨漲發的方式多元，有水發、油發、鹽發等，要因應不同的乾貨來做抉擇。

蝦皮

　　蝦皮並非真的是蝦子的皮，而是由小白蝦曬乾加工製成的乾貨。小白蝦體積很小通常只有3釐米，曬乾後蝦肉變得更不明顯，造成看似只有一層蝦皮的錯覺，因而得名。食用價值很高，可幫助人體攝取蝦青素、蛋白質、鐵、鈣、磷、碘等營養素。食用前記得先以清水浸泡，其口感鬆軟、味道鮮美，常用於各式中西菜餚及湯品用以增鮮提味，是許多大廚及媽媽們都愛用的海鮮調味品。

魷魚乾

　　魷魚是一種非常營養的海產，無論新鮮魷魚或是魷魚乾都非常美味，其富含人體必需的蛋白質、鈣、磷、鐵、牛磺酸以及多種胺基酸，適度食用有利於骨骼發育、治療貧血、改善視力、緩解疲勞、調節肝功能。選購魷魚乾時記得挑選外觀平整且表皮淺褐色可透光者尤佳，表面覆蓋一層白粉為正常現象，食用前記得先以清水浸泡魷魚乾6-8小時使其恢復柔軟彈性，若浸泡時間不足會猶如嚼橡皮一般。

蝦米

　　蝦米其實就是體積小的乾蝦仁，又名開陽，餐廳常見的開陽白菜，就是以蝦米炒大白菜而成。蝦米所含有的營養成分極多，蛋白質含量是奶、蛋、魚的數倍，還有豐富的鈣質對於強健骨骼、預防骨質疏鬆極有助益，非常適合孕婦、小孩以及年長者食用。不過，選購蝦米時須注意，市售的蝦米偶爾會有不肖商人為了增加賣相而添加色素，若吃下肚可是會危害人體健康，那麼要如何判定呢？未添加色素的蝦米表皮微紅、蝦肉呈黃白色；若有添加色素則內外都是紅色，且以水泡發時，水會慢慢變紅。只有購買時多留點心，才能為自己與家人的健康把關。

小魚乾

小魚乾其實就是曬乾的小魚，目前市售的小魚乾多半是利用丁香魚曬乾製作而成。小魚乾體型小、肉少，不過含有豐富鈣質，常被用來熬湯頭、煮粥，此外，小魚乾與花生米一起乾炒，就是一道香噴噴的下酒菜。選購小魚乾時記得挑選整尾形狀完整、肚皮完好沒有破裂，且身側有一道銀白色縱帶，用手拿起不黏手的為佳，如果會黏手或殘留白色粉末，就表示小魚乾已過最佳賞味期，風味較差。

干貝

干貝是扇貝乾製而成的食品，富含蛋白質及多種礦物質，食用價值很高，適度食用可強身健體，具抗癌、降膽固醇、軟化血管、降血壓、治頭暈目眩等功效。味道異常鮮美，且與新鮮扇貝相比，腥味大幅減低，煮湯、熬粥都非常適合。選購時應掌握幾個原則：(1)形狀呈短圓柱體，肉質堅實飽滿，沒有裂縫 (2)顏色呈淡黃色略帶白霜 (3)避開顏色泛黑或發白者，方能買到優質的干貝。

黑木耳

黑木耳屬食用菌，因其外觀狀似人的耳朵，因而得名。口感爽脆滑嫩、富含膠質、蛋白質、鈣、磷、鐵、維生素B2營養豐富，可降血脂、改善貧血，對心血管疾病患者極有助益。中式菜餚中常見其蹤跡，煮粥、做羹湯、炒菜、涼拌都非常鮮美還可以增加口感，做成甜品也極受歡迎，黑木耳露就是一道老少咸宜的風味甜點，不僅好吃又有益身體健康。乾木耳質地堅硬，建議洗淨後以冷水浸泡3-4小時，使其恢復半透明狀，就能享受到鮮嫩爽脆的口感；切忌貪快以熱水泡發，不僅破壞口感，也使其不易保存，那可就得不償失了。

柴魚片

柴魚片是由鰹魚乾刨成薄片，因顏色及形狀與木柴相似，所以叫柴魚片。是日本料理大量使用的一種調味食材，主要用來添加食物的香氣與提鮮，可用來熬製高湯或直接撒放於菜餚上，目前一般超市可以輕易購得刨好的柴魚片，不過若想要更講究一些，也可以直接買鰹魚乾，要食用前再刨薄片入菜，香氣與味道更佳，味噌湯、皮蛋豆腐、章魚燒都可以鋪上滿滿的柴魚片，味道會更加鮮美可口。

大骨菌菇湯泡飯

　　中國人喜歡喝湯，用新鮮食材和滿滿誠意，再加上長時間小火慢燉出來的湯品最美味、最營養，給最親最愛的人食用最能表現愛意。將新鮮大骨燉煮出濃濃大骨湯，用此濃郁的湯底加入海帶和什錦菇類二次悶煮，細火慢燉出那料鮮味美的美妙，營養價值極高的菇類營養全在湯裡面，浸泡著大骨湯的米飯顆粒飽滿，嚼起來鮮美無比。

營養又鮮美的湯泡飯！

 材料：

- ◆ 豬大骨2根
- ◆ 海帶120克
- ◆ 金針菇80克
- ◆ 香菇80克
- ◆ 鴻喜菇60克
- ◆ 米飯適量
- ◆ 鹽適量

準備：

海帶、金針菇、香菇、鴻喜菇均提前洗淨備用。

 製作過程：

① 豬大骨洗淨，用水燙去血水後，重新加水燉煮3小時。

② 盛出一部分大骨湯，加入海帶、三種菇類一起燉煮，最後加入鹽調味即可。（圖1）

③ 取一深碗，盛入米飯，倒入燉好的大骨湯，擺上煮好的菇類和海帶。（圖2）

④ 放置一會兒，讓米飯吸飽更多大骨湯後再食用會重加入味。（圖3）

圖1

圖2

圖3

 凌尒尒說：

◆ 花這麼多時間燉煮出來的大骨湯自然不可以浪費，從源頭就要好好為湯品品質把關，最好購買當日新鮮的豬大骨，若嫌麻煩，可以一次燉大鍋一點，分袋冷凍，要用再取出即可。

西式牛肉湯拌飯

　　牛肉的做法有很多,炒、燉、煮應有盡有。本篇拿牛肉做湯,採取西式牛肉湯的方法,以香料來提升湯品的香氣,與大量蔬菜一同慢燉,清甜精華都融入湯中,無須另加味精或雞精粉,湯都能非常濃郁香甜。燉上這樣一鍋湯,直接泡入米飯中,美味湯泡飯就完成了。

用西式方法煲一鍋美味牛肉湯！

材料：

牛肉湯

- ◆ 牛肉550克
- ◆ 洋蔥100克
- ◆ 紅蘿蔔170克
- ◆ 蘑菇140克
- ◆ 馬鈴薯360克
- ◆ 番茄200克
- ◆ 薑15克

滷包

- ◆ 八角7克
- ◆ 乾燥迷迭香1克
- ◆ 大顆黑胡椒粒10克

準備：

1.薑、洋蔥切絲備用。

2.將八角、乾燥迷迭香、大顆黑胡椒粒包在布中，製成滷包備用。

3.紅蘿蔔、蘑菇、馬鈴薯、番茄切塊備用。

製作過程：

1 牛肉洗淨切塊，燙去血水後放入電鍋中。（圖1）

2 電鍋中加入滷包、薑絲、洋蔥絲，並加入適量水，悶燉入味至軟。（圖2）

3 加入紅蘿蔔、蘑菇、馬鈴薯、番茄塊繼續將前述食材燉軟。（圖3）

4 加入適量鹽調味，西式牛肉湯就完成了。

凌介介說：

◆ 要燉牛肉湯，可用燉鍋、砂鍋、鑄鐵鍋、不銹鋼湯鍋或電鍋等，要注意的是：鍋類材質不同，燉煮時間亦不相同，請根據實際狀況及時變更時間。

圖1

圖2

圖3

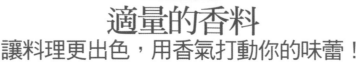

暖心小知識

適量的香料
讓料理更出色，用香氣打動你的味蕾！

香料猶如料理界的香水，不僅為菜餚增添香氣勾人食慾，與食物的味道亦是息息相關，若能運用得宜，可以讓精心烹煮的料理更添美味。不過，既然將香料比之為香水，你可以試想，若有個美女經過你身旁時，空氣中留下淡淡的香味，是不是非常心曠神怡？但若是香水用得過量，氣味可就不太美妙了。香料使用時也是一樣的概念，一開始若抓不到份量，建議一點一點慢慢加，可以避免香料反客為主，蓋過食材的原味。接下來，讓我們看看有哪些香料吧！

迷迭香

迷迭香香氣優雅怡人，且有抗老化、安定心神、幫助入眠之效，自古以來，更有迷迭香能提昇人腦記憶一說，近幾年算是非常熱門的香草植物，無論是香氛精油、洗髮精、沐浴乳、香水、異國風味料理、風味西點……都廣泛使用。迷迭香是常綠植物，耐旱又少蟲害，非常容易照顧，若想嘗試自己栽種植物，迷迭香是一個不錯的選擇，不僅可當觀賞用植物，其葉子又可以拿來沖泡花草茶、烘焙西點或是料理時入菜去腥增添風味，可謂一舉數得。

八角

又稱八角茴香，是五味子科八角屬的一種植物，顏色呈紅棕色或黃棕色，富含油性，氣味芳香辛甜。八角顧名思義，其果實形狀為八角星形，乾燥的果實就是中式料理中大家所熟悉的調味香料，料理時最常拿來紅燒、滷味、燉煮、醃製，用以增添菜餚香氣，同時，八角也是五香粉的成分之一。此外，八角亦常見於中醫處方，具藥用療效，可收鎮痛、祛寒、健胃、清肺、抑制胃酸過多、調理消化不良等功效。

百里香

又稱麝香草，花語是勇氣，是以在中古世紀的歐洲，經常將其送給即將出征的勇士，作為祝福激勵之意。百里香是歐洲國家烹飪時常用的香料，其植物整株都有芬芳的辛香氣味，屬於從古至今尚在應用的天然香料之一，其香味即使長時間烹煮也不消散，熬湯或燒烤都很適合，烹調肉類、魚類、海鮮時，加入少許的百里香，不僅可以提昇食材風味，還可以去腥，添加一股淡淡的清香。此外，百里香亦屬藥用植物，常被萃取提煉為香氛精油，用於芳香療法，其功效有：促進消化、消除疲勞恢復體力、保護呼吸道預防感冒、促進血液循環、緩解手腳冰冷的問題，但並非每種人都適用，孕婦及高血壓患者就不適宜。

荷蘭芹

又稱香芹、洋芫荽或巴西里香草，具有清爽的香氣和色澤鮮艷的翠綠色，含有多種維生素、葉綠素、鈣、鐵，營養豐富，是西餐中常見的裝飾配菜及辛香調味菜，可生食，主要分平葉荷蘭芹和皺葉荷蘭芹兩種。皺葉荷蘭芹味苦葉老，多僅用來擺盤裝飾，無法入口；平葉荷蘭芹口感細緻，無草腥味，西餐廳中常喝的馬鈴薯濃湯就常可見其蹤影，其切碎的葉片常被用來裝飾並增添香氣，除了湯品，沙拉以及蔬菜料理也經常使用，可謂最佳配角。料理時須注意，由於荷蘭芹不耐高溫烹煮，故比較適合上桌前再放入料理中，且其翠綠的顏色也比較能夠維持。

丁香

原產於印尼，是一種常綠喬木，高度多為十幾公尺高，其花蕾轉為紅色時可採收，乾燥後即變為一種食物香料，廣泛地運用於料理當中。其氣味偏甜香非常非常地濃烈，單獨品嚐的味道微苦且口中會殘留辛辣感，但是與食物調味融合後味道會變得柔和甘甜，丁香不僅可以應用於製作甜點、糕餅、果醬等甜的食物，烹調肉類料理、滷菜、燉湯等鹹食調味也妙不可言。

此外，丁香也可以給我們的日常生活帶來一些小助益，驅趕蚊蟲、緩解蛀牙疼痛、讓口氣清新、治療燒傷、解酒醉……等等，是不是非常實用呢？！

茴香

茴香主要可分為大茴香及小茴香兩種，其中的大茴香又稱八角茴香，也就是前面提過的八角；而茴香菜則是一種全株都可以使用的香草，茴香菜的果實稱為小茴香可作香料及藥用，根、葉及全草亦可入藥。茴香不僅可以點綴食物，其氣味芳香獨特，與魚類、肉類之食材非常速配，可去除腥臭味並增添淡雅香氣，簡單的清炒、燉煮就很美味，且茴香可以吸附油脂，還可解肉食之油膩感。茴香性溫味辛，有健胃理氣、振奮精神、預防感冒之效，國外甚至有人以茴香泡香草茶，當作減肥茶飲，適度飲用一段時間，可見其效果。

香草奶油排骨蒸飯

　　平凡的日子，日復一日，年復一年，若不做些小改變豈不是太乏味？生活要變化，美食也一樣，每日吃的米飯也一定要有變化的風味，無論是炒的、悶的、蒸的還是煲的；無論豬肉、雞肉、牛肉、羊肉；或者馬鈴薯、紅蘿蔔、山藥、番茄等食材，一點變化就是一個活躍的新生命。亦如這道香草奶油排骨蒸飯，就是在中式蒸飯裡加入西式元素：奶油、百里香和豬小排，這樣的搭配能變化出什麼樣的新風味？一起來試試便知道！

西式配料與中式蒸飯的完美結合！

 材料：

香草奶油排骨

- ◆ 排骨250克
- ◆ 紅蘿蔔65克
- ◆ 山藥150克
- ◆ 洋蔥60克
- ◆ 奶油50克
- ◆ 白米300克
- ◆ 百里香1克
- ◆ 鹽3克
- ◆ 生抽醬油15克
- ◆ 水170毫升

排骨醃料

- ◆ 生抽醬油12克
- ◆ 鹽2克
- ◆ 糖10克
- ◆ 黑胡椒適量

準備：

1. 排骨切小塊後洗淨，放入排骨醃料抓勻醃製入味。（提前6小時製作）
2. 洋蔥切去頭尾，剝掉外皮，洗淨後切絲備用。
3. 山藥洗淨去皮，切滾刀小塊浸入淡鹽水中備用。
4. 紅蘿蔔洗淨去皮，切滾刀小塊備用。

製作過程：

❶ 熱鍋加入奶油融化，倒入洋蔥絲炒出香味。（圖1）
❷ 倒入醃好的排骨塊翻炒至變色。
❸ 倒入山藥塊跟紅蘿蔔塊翻炒片刻，倒入洗淨的白米一起炒。（圖2）
❹ 加入生抽醬油、鹽、百里香調味。
❺ 將排骨和米裝入耐高溫容器，加水，放入電鍋內。（圖3）
❻ 將飯蒸熟即可。

 凌介介說：

◆ 百里香如同它的名字一般，只需用一點點就香氣十足，切勿放太多喔！
◆ 山藥去皮後切塊，需浸泡於淡鹽水中，否則極易氧化變黑。

圖1

圖2

圖3

韓式泡菜牛肉燉飯

　　我不愛吃硬飯，但父親喜歡，所以我煮飯時水往往會加少一點，有時候，就難免會做出半生不熟的飯，這時就得想辦法來拯救它。對於生飯的處理，可以加少量水繼續悶熟，亦可用來做炒飯、蒸飯，或是乾脆多加些水煮成粥。但是你有沒有想過，若是加工成另一種美味，也是一件令人期待的事？

　　本篇就是把生飯加入泡菜，配上牛肉和豆芽菜，再加入一大匙韓國辣椒醬調味，泡菜的酸和辣醬的香讓這鍋飯的滋味豐富多變，也成功的讓生飯「起死回生」！

讓太硬的飯「起死回生」的妙招！

 材料：

韓式泡菜牛肉
- ◆ 牛肉200克
- ◆ 青辣椒1根
- ◆ 紅辣椒1根
- ◆ 香蔥20克
- ◆ 豆芽菜120克
- ◆ 韓國泡菜150克
- ◆ 蒜頭10克
- ◆ 韓國辣椒醬30克

牛肉醃料
- ◆ 生抽醬油10克
- ◆ 白胡椒1克
- ◆ 鹽2克
- ◆ 糖5克
- ◆ 麻油5克
- ◆ 太白粉3克

準備：

1.牛肉切塊，提前6小時用牛肉醃料醃製入味。
2.香蔥切段，青紅辣椒去籽切段，蒜頭剁成蒜末，泡菜若是太大片則可以切成小片。

製作過程：

① 鍋中放油，放入醃好的牛肉塊炒至八分熟，盛出備用。（圖1）

圖1

② 鍋中繼續倒入少許油，爆香蒜末和蔥白部份，並下泡菜一同翻炒出香味。

③ 加入豆芽菜一起快炒。（圖2）

④ 倒入半生不熟的飯翻炒均勻，然後加入水，位置大約到菜和飯的一半即可，蓋上鍋蓋燜至水收乾。

圖2

⑤ 飯煮至熟軟入味，加入青紅辣椒段和牛肉塊，再根據自己的口味加入適量的韓式辣椒醬、鹽、麻油等，翻炒均勻後即可出鍋食用。（圖3）

 **凌介介說：**

圖3

◆ 做燉飯可用有蓋子的不沾鍋，燉飯的時候才不會有飯燒黏在鍋底。

◆ 燉飯的水可以用高湯（如牛骨湯、豬骨湯、雞湯等）替代。

咖哩牛肉焗飯

做飯時，用點與平時不一樣的製作方式會帶來不一樣的驚喜。焗飯的做法有千百種，口味千變萬化。我也愛做焗飯、焗麵，帶著起司的異域風味總是非常合我的胃口。此次的靈感是因義大利千層麵的製作方法而獲得啟發；一層米飯，一層肉醬，一層起司，如此反覆疊加，再經過烤箱的高溫烘烤，起司將融化在肉醬與米飯中，層層疊疊的美味，吃起來真是過癮極了。

源自義大利千層麵的靈感啟發！

材料：

◆ 牛絞肉400克　　◆ 泰式黃咖哩醬120克　　◆ 起司180克
◆ 洋蔥50克　　　　◆ 奶油30克　　　　　　◆ 椰漿、鹽、糖、米飯各適量

🕐 **準備：**

1.洋蔥洗淨去皮，切細末備用。
2.起司切成細絲備用。

🥄 **製作過程：**

❶ 鍋燒熱後放入奶油融化，倒入洋蔥末炒出香味。

❷ 倒入牛絞肉炒至變色，加入咖哩醬後翻炒均勻。（圖1）

圖1

❸ 加入適量椰漿，煮約2分鐘。（圖2）

❹ 加入適量鹽和糖調味，咖哩牛肉醬完成。

❺ 取一耐高溫的碗，先放入烤箱烤熱，按順序鋪上米飯、咖哩牛肉醬、起司絲，重複動作直至將碗鋪滿。（圖3）

❻ 放入烤箱，用200度C烤至起司融化。

圖2

圖3

🍜 **凌介介說：**

◆ 將碗鋪滿，最後一層一定要是起司，這樣才能保證起司融化在肉醬和米飯上喔！

田園蛋包飯佐蜜汁雞腿排

　　人有時候真是奇怪，要嘛懶到打電話叫外賣，要嘛在家又要折騰出個像樣的套餐來滿足自己。做一份賞心悅目的料理，在滿足完視覺之後再將它細細品嚐乾淨，滿足地摸摸肚子，就是人生一大享受。在家其實也能做出餐廳級的美味料理，當什蔬炒飯裹上煎蛋皮，佐以醃製了一夜超入味的蜜汁雞腿排，一份主食與蔬菜、肉類相結合，各類營養物質都均衡搭配的家庭美味餐便完成了。

在家做出餐廳級的美味！

材料：

蛋皮
- ◆ 雞蛋1個
- ◆ 麵粉6克
- ◆ 水6毫升

田園炒飯
- ◆ 豌豆20克
- ◆ 香菇40克
- ◆ 紅蘿蔔40克
- ◆ 玉米粒80克
- ◆ 米飯250克
- ◆ 番茄醬15克
- ◆ 鹽適量

蜜汁雞腿排
- ◆ 雞腿4個
- ◆ 蜜汁烤肉醬30克
- ◆ 蒜頭15克
- ◆ 黑胡椒2克
- ◆ 鹽3克
- ◆ 糖5克
- ◆ 生抽醬油12克
- ◆ 麻油5克

準備：

1.將豌豆、香菇、紅蘿蔔都切成小丁。

2.提前一天將雞腿排醃製入味。雞腿去骨去皮，加入雞肉醃料抓勻，放置12小時入味。

製作過程：

一、製作蛋包飯蛋皮

❶ 將雞蛋加入麵粉和水攪拌均勻。

❷ 鍋中倒入適量油燒熱，將雞蛋液倒入鍋中，輕輕搖一搖鍋子，使未凝固的蛋液流動，薄薄的鋪平鍋底。

❸ 以慢火煎蛋皮，一面煎好後再煎另一面，小心不要煎過火，讓蛋液凝固即可。

❹ 將煎好的蛋皮盛出備用。

二、製作田園炒飯

❶ 炒鍋中倒入適量油燒熱，將各種蔬菜丁入鍋翻炒至熟。

❷ 倒入米飯一同翻炒，加入番茄醬與適量鹽調味即可。

三、製作蜜汁雞腿排

❶ 鍋中倒入適量油燒熱，把醃好的雞腿排放入鍋中以小火煎熟，可適量加些水悶煮一下。

❷ 待醬料收汁，雞排煮熟後關火即可。

四、組合

❶ 盤中鋪入乾淨的生菜點綴，用蛋皮蓋住炒飯，蛋包飯即完成。

❷ 雞腿排放置於蛋包飯旁邊，淋上煎雞腿排的醬汁即可。

凌介介說：

◆ 如何判斷雞腿排是否煮熟？只需用一根筷子插入雞肉中，若能輕鬆穿透，雞腿排就是煮熟了。

◆ 為了使雞腿排更入味，記得要提前一天醃製喔！

Part2

12道
一個人也可以
好好吃的蓋飯

Donburi: to Enjoy Alone

一個人吃飯可不能隨便湊合，屬於個人的好時光正適合好好品嚐美食。蛤蜊與味噌湯搭配出蛤蜊蓋飯，淋在飯上，不出門就能享受到美好的和風味；印尼沙嗲醬與牛肉的碰撞，異域的濃郁風味在舌尖打轉；櫛瓜配嫩雞肉，習慣重口味的貪吃鬼也能有小清新……還有鱈魚的鮮、山藥的香、雞排淋上秘製醬汁的濃郁、小排加上醬燒豆皮的萬種風情，等著你慢慢發掘。

蛤蜊蓋飯

　　相傳在古代的日本，江戶是個優良的漁場，壽司、天婦羅等新鮮美食唾手可得。當地人在出海捕魚前，漁夫會用由貝類、蔥及味噌煮出來的海鮮味噌湯拌飯吃，並將這種飯稱為「蛤蜊味噌湯拌飯」。蛤蜊本身的美味，以及蛤蜊釋出的鮮美湯汁融合味噌，再將蛤蜊肉和湯汁鋪在米飯上，做出味道鮮美的料理，這就是蛤蜊蓋飯。這款蓋飯真的名不虛傳，好吃極了！

吃出日本江戶味！

材料：

湯底

◆ 蛤蜊150克　　◆ 水500毫升　　◆ 薑2片　　◆ 鹽2克

蛤蜊蓋飯

◆ 湯底一份　　◆ 大蔥20克　　◆ 味醂27克　　◆ 紅味噌15克
◆ 日本醬油15克　◆ 糖8克　　　◆ 生薑適量　　◆ 鹽適量

🕐準備：

1.蔥切段備用。

2.蛤蜊裝在水盆裡讓其吐沙，洗乾淨後備用。

製作過程：

圖1

一、製作湯底

❶ 煮一鍋沸水，加入兩片薑片，把事先洗淨的蛤蜊放到水裡煮熟，加入鹽調味。

❷ 取出蛤蜊肉備用。（圖1）

二、製作蛤蜊蓋飯

圖2

❶ 將蛤蜊湯底中加入味醂、味噌、日本醬油和糖煮沸，倒入蔥段煮至滾。（圖2）

❷ 加入蛤蜊肉重新煮沸，用鹽調味。（圖3）

圖3

凌尒尒說：

◆ 味醂、日本醬油、味噌等原料在進口食品超市、日系食品雜貨店「大創」或是一般較大型的賣場皆可以買到喔！

親子蓋飯

「親子蓋飯」這個名字的由來並不是因為是媽媽煮給孩子吃的蓋飯，而是因為「雞」和「蛋」的親子關係而得名。以熱水迅速燙過來鎖住雞肉的鮮美滋味，再用清爽甘甜的味醂來做醬汁，煮個半熟蛋，如此鮮美的蛋醬汁蓋在米飯上，把好滋味鎖進米飯裡，一道原汁原味的雞肉蓋飯便完成了。

這道蓋飯，我並未遵循古法來製作。先製作湯底，原料只有海帶和柴魚片。柴魚片是鰹魚曬乾後用特製的小盒子刨出的薄片，不僅可以熬煮湯底，也可以直接放在米飯上一起食用，基礎湯底就是蓋飯的底汁，只需要再加入味醂和日本醬油製成的醬汁就可以享用。本篇親子蓋飯，用這款湯汁做成湯底後，繼續煮雞肉，即使不加鹽和味精，湯底都鮮美得讓人的味蕾獲得極大的滿足。可想而知，用這樣的湯底煮成的蓋飯會有多好吃了。

未導循日本古法也一樣好吃！

材料：

湯底

◆ 海帶200克　　　　◆ 柴魚片150克　　　　◆ 水適量

親子蓋飯

◆ 湯底適量　　　　◆ 雞肉250克　　　　◆ 雞蛋2個
◆ 日本醬油20克　　◆ 味醂20克

⏰ 準備：

1.海帶洗淨備用。
2.將雞肉切成適合入口的大小。

🥄 製作過程：

一、製作湯底

❶ 海帶洗淨，放入水中煮開，關小火慢慢燉約半小時，使海帶入味。（圖1）

❷ 加入柴魚片煮開後，將火熄滅。

❸ 用濾網過濾掉海帶和柴魚片，只留湯底。

二、製作親子蓋飯

❶ 取一碗湯底，加入日本醬油和味醂，煮開後倒入切塊的雞肉煮至熟。（圖2）

❷ 加入2/3的雞蛋液煮熟，快起鍋前再加入剩下的1/3雞蛋液，讓蛋液裹勻雞肉後立即關火。（圖3）

❸ 盛一碗米飯，把做好的雞肉立即蓋在飯上，讓未凝固的蛋汁和醬汁滲入飯中，可以蓋上碗蓋，讓米飯悶一下就會更入味。

🍚 麥介介說：

◆ 煮海帶的時候，不要讓湯頭沸騰，全程開小火煮半小時讓海帶煮出味道，關火後讓味道沉澱。

◆ 加入柴魚片煮沸，過程中不能攪拌，因為一攪拌，湯底就會變混濁了。

圖1

圖2

圖3

山藥雞肉餅蓋飯

　　有時候，一種原料被固定了做法，就很難會被人做出創新。例如，大家平時會如何處理山藥呢？炒山藥？煲湯？燉菜？但這道蓋飯中的山藥，我是這麼處理的：把山藥製成泥狀加入雞肉，用少油微煎，作為蓋飯的搭配食材，不僅豐富了山藥的吃法，還讓山藥的清香滲透入雞肉內。山藥雞肉餅，口感外脆內甜又有營養，最適合做給家中的小朋友吃。

告訴你山藥的豐富做法！

材料：

◆ 山藥400克　◆ 雞腿3支　◆ 雞蛋1個　◆ 麵粉28克
◆ 糖10克　　◆ 鹽5克　　◆ 黑胡椒2克

準備：

1.將雞腿去皮，從中間剖開一刀，貼著雞骨頭
　將肉切下。
2.雞肉切成小塊，然後剁成雞肉泥，剁肉的過
　程中要將筋切掉，以免影響口感。
3.山藥去皮切成小塊，放在微波爐碗中，蓋上
　蓋子，用高火轉5分鐘蒸熟山藥。
4.將山藥從微波爐中取出後，用擀麵棍將其搗成
　泥，放涼備用。

製作過程：

1️⃣ 將雞肉泥和山藥泥混合，加入糖、鹽、
　黑胡椒等調味料。（圖1）
2️⃣ 加入麵粉和雞蛋，一同拌勻。（圖2）
3️⃣ 鍋中倒入適量油，熱鍋後改轉小火，用
　湯匙取一球山藥雞肉泥，捏成球狀後略
　壓扁成肉餅狀，入油鍋煎至兩面金黃後
　取出瀝乾油即可。（圖3）

圖1

圖2

圖3

凌小小說：

◆ 如果在混合山藥與雞肉的過程中覺得餡料太乾，
　可以適當加些水調整濕度。

咖哩山藥肉末蓋飯

　　山藥口感綿、軟、黏、粉，不僅是很多人喜歡的食材，營養價值也很高，做給家人吃最為適合。山藥的常見做法是炒、蒸或煮湯，本篇則是要用咖哩來料理山藥。是的！誰說咖哩只能配馬鈴薯？配上山藥也超級棒，而且還必須配上一點醬汁，淋在米飯上拌著吃真是好吃。這樣的一道下飯菜很適合帶便當一族，既簡單又方便。

用咖哩煮的山藥超級下飯！

材料：

咖哩山藥肉末

- ◆ 山藥200克
- ◆ 豬絞肉250克
- ◆ 咖哩塊6塊
- ◆ 水適量
- ◆ 鹽適量
- ◆ 細砂糖適量

豬肉醃料

- ◆ 鹽2克
- ◆ 糖4克
- ◆ 黑胡椒1克

準備：

1. 山藥切小塊備用。
2. 豬絞肉加入豬肉醃料抓勻後放置2小時後再使用。

製作過程：

1 鍋中倒入適量油，把豬肉末倒入鍋中炒至變色後盛出備用。

2 鍋中再倒入適量油，把切好的山藥塊倒入翻炒，可加適量水悶煮至熟。（圖1）

圖1

3 倒入事先炒好的肉末翻炒均勻，加入6塊咖哩塊一起煮。（圖2）

4 加適量水煮至咖哩塊融化，即可盛出食用。（圖3）

圖2

圖3

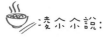
凌尓尓說：

◆ 咖哩塊本身就含有鹽分，所以此道料理無須另外加鹽。

◆ 咖哩塊的品牌有很多，可自行挑選喜歡的，還有原味、小辣、中辣等味道可以挑選哦。

黑胡椒蠔汁草菇肉醬蓋飯

　　沒時間做飯怎麼辦？這時候，有份肉醬最方便了。肉醬可以拌飯吃、拌麵吃、配饅頭吃，還可以跟麵包一起吃，真是萬能的食材。熬肉醬這檔事，只需要買自己喜歡的食材，就能DIY出多種不同風味的美味肉醬。例如本篇，新鮮草菇肉厚味美，熬一鍋草菇比肉還多的肉醬，那滋味真是鮮美異常，再以黑胡椒和蠔油調味，鹹、鮮、辣交織，一碗無敵下飯菜，你值得擁有。

教你熬煮鮮美異常的肉醬！

材料：

◆ 草菇350克　　◆ 豬絞肉210克　◆ 洋蔥80克　　◆ 蠔油20克
◆ 黑胡椒粉3克　　◆ 老抽醬油10克　◆ 太白粉適量　◆ 鹽適量

準備：

1.草菇仔細洗淨，切成小丁備用。
2.洋蔥洗淨剝去外皮，切成小丁備用。

製作過程：

❶ 鍋中倒油燒熱，倒入洋蔥丁爆香，炒至金黃色並發出香味。

❷ 倒入草菇丁翻炒均勻。（圖1）

圖1

❸ 把所有食材撥向鍋子的一邊，用空出的位置炒香豬絞肉。

❹ 把豬肉炒到顏色轉白，再把所有食材一起翻炒均勻。（圖2）

❺ 加入適量水，熬煮草菇肉醬5分鐘。

❻ 加入蠔油、適量老抽醬油、鹽、黑胡椒等調味。

圖2

❼ 加入適量太白粉勾芡收汁，蠔油草菇肉醬完成。（圖3）

凌小小說：

◆ 若買不到草菇，香菇等其他菇類食材亦可代替，一樣不減這道料理的美味喔！

圖3

三杯肉末豆腐蓋飯

　　台灣三杯料理遠近馳名。相傳「三杯」這款料理源自江西一獄卒，因獄中條件所限，只使用了甜酒釀、豬油、醬油各一杯燉製雞塊給文天祥食用而得名，最後成為客家經典菜式並在台灣走紅。三杯料理最出名是三杯雞，美食愛好者也會各自出招，DIY出各種三杯菜色，舉凡三杯排骨、三杯鴨、三杯豆腐等都有其不同的美味。

　　本篇也是DIY的另類三杯料理，但謹守主味醬油、麻油、米酒，還有最重要的靈魂食材──九層塔。另外，我還特別加入糯米椒和麻椒，給這道菜帶來一絲又麻又辣的氣息，連在房間等著開飯的母親大人都探著鼻子說好香。你們要來試一試嗎？

另類三杯DIY！

材料：

◆ 豬絞肉250克　　◆ 板豆腐200克　　◆ 糯米椒5根　　◆ 麻椒5克
◆ 米酒15克　　　　◆ 生抽醬油15克　　◆ 麻油15克　　◆ 九層塔10克
◆ 太白粉40克　　　◆ 糖10克　　　　　◆ 鹽適量

準備：

1.板豆腐洗淨切成片狀三角形備用。
2.糯米椒洗淨切成小段備用。

製作過程：

❶ 鍋中倒入適量油燒熱，把三角形板豆腐片入油鍋炸至兩面金黃後盛出。
❷ 倒出多餘油，以鍋中剩油爆香糯米椒段和麻椒。
❸ 加入豬絞肉翻炒出香味味。（圖1）
❹ 放入事先炸好的板豆腐片翻炒均勻。
❺ 將米酒、生抽醬油、麻油混合好，倒入鍋中拌勻。（圖2）
❻ 加入九層塔翻炒均勻。（圖3）
❼ 倒入太白粉勾薄芡，最後加入適量鹽調味即可。

凌尔尔說：

◆ 爆香糯米椒和麻椒的時間很短，切勿在鍋中留過長時間，否則會將其炸過頭變焦。

圖1

圖2

圖3

醬燒豆皮小排蓋飯

　　先前曾偶遇一位老人家，滄桑佝僂的背，挑著擔子慢慢地走著。快步追上前一問，才知道原來她是賣豆皮的，賣得的一點兒錢便給家裡貼補家用。對於這樣本該曬著太陽享受退休生活的老人，卻還在為溫飽奔忙，我於心不忍，於是便向她買了一些。與她的交談中得知，這些都是她在家親手做的，品質極好，我不禁心想真是遇到了寶。豆皮是豆製品，雖然本身並無風味，但泡軟後與其他食材一同烹煮時則是吸汁高手，酸甜苦辣鹹，連帶著自身都變得似有萬種風情，實在過癮好吃。

吸飽美味的豆皮怎能錯過！

 材料：

◆ 排骨370克　　◆ 薑7克　　　◆ 排骨醬15克　　◆ 海鮮醬15克
◆ 叉燒醬15克　　◆ 老抽醬油10克　◆ 蓮藕120克　　◆ 豆皮50克

準備：

1.豆皮提前泡水至軟。
2.蓮藕洗淨削皮，切丁備用。

製作過程：

① 排骨切小塊，以熱水燙過去血水，瀝乾水分備用。（圖1）

② 鍋中倒入適量油，爆香薑片，並倒入排骨塊炒香。

③ 倒入老抽醬油，把排骨炒勻，繼續加入排骨醬、海鮮醬、叉燒醬拌勻。（圖2）

④ 加入豆皮炒勻，之後再加入蓮藕翻炒。（圖3）

⑤ 倒入適量水淹過排骨，蓋上鍋蓋，以大火煮沸後，轉為小火悶20分鐘至熟即可。

凌尒尒說：

◆ 醬料中有已經有鹽和糖，所以這道菜無須再另外調味。若喜歡口味重一點的，也可再自行添加調味品。

圖1

圖2

圖3

暖心小知識

不知道如何調味？
讓美味的醬料成為你的好幫手！

　　老是覺得料理時，精心烹煮的菜餚差一味？這個時候不妨試著使用一些市售的現成醬料來料理，只要運用得宜，相信必能起到很好的畫龍點睛之效，讓食物更加美味。書中運用了一些較為特殊的醬料，讓我們進一步認識它們吧！

蜜汁烤肉醬

　　一家烤肉萬家香，說到烤肉，就不能不提到烤肉醬，市售烤肉醬主原料不外乎為醬油及各式辛香料，蜜汁口味的多以麥芽糖或冰糖調和而成，醬汁濃稠香甜。其實現成的烤肉醬多半偏鹹且納含量高，食用過多不只容易口渴，同時會對身體造成負擔，如果時間允許，建議大家購回之後自己加工，適量加入水、檸檬汁或新鮮蔬果不僅風味更佳，也比較健康。用來料理菜餚時，建議不要再另外加鹽，不然可能過鹹。

叉燒醬

　　叉燒醬風味獨特，不僅氣味濃郁、口味還非常鮮美香甜。可用於炒菜、燒烤，還可以當沾醬、拌麵、拌飯、做包子餡料，醃製肉食尤其美味，其中大家最為熟知的當屬紅豔肥美的叉燒肉，又甜又香，咬下去肉汁四溢，其實只要在超市或大賣場買回叉燒醬，在家也能自己烤蜜汁叉燒，自己買五花肉回來用叉燒醬、料酒、醬油……等配料醃製，再進行燒烤，香噴噴的叉燒肉就可以上桌了。

排骨醬

　　排骨醬的主要原料包含豆豉、辣椒、芝麻、白糖、大蒜、番茄等，再搭配其他調味料調和而成，是一種味美又方便的醬料，在一般超市、網購商店都能購得。排骨醬非常適合燒烤肉類之用，亦有人拿來作爆炒料理。當然，既然名為排骨醬，其最大功用就是料理排骨，去除腥味增加香氣。使用排骨醬時記得避免直接與器皿接觸加熱，否則容易糊掉，因而影響口感與味道。

蠔油

　　蠔油是以水將牡蠣精燉熬煮提煉而成的調味料，可謂滿滿海鮮味的精華濃縮，香氣強烈，濃稠度接近醬油膏，味道鮮甜美味無比，顏色呈深咖啡色、帶油亮的光澤感，適合用來當沾醬或入菜提味、增色，能夠讓食物的鮮味更多層次，搭配海鮮料理更能帶出其鮮味。需注意的是，此醬料因為有加入海鮮，屬於葷食，吃素者若想嚐鮮，記得選購以香菇為原料所製成的素蠔油。

海鮮醬

　　海鮮醬是中國粵菜常用的一種醬料，可於網路商店購得，味道鮮美濃郁，主要用於烹煮肉食的調味，能夠去腥提鮮，非常適合爆炒、燒烤、醃製食物或當沾醬，製作燒鵝、烤鴨、烤乳豬也會用到。不過，若你以為海鮮醬裡面一定有滿滿的海鮮，那你就大錯特錯了，千萬別被它的名字騙了，裡面半點海鮮原料也沒有，主要以糖、黃豆、小麥粉、蒜、辣椒、鹽等原料調製而成。

爆炒鱔魚蓋飯

　　初食鱔魚，是父親所做；熱油一爆，快速一翻，加入配料，香味四溢。這樣簡單的一道菜，我喜歡得很，於是記了下來。父親炒的鱔魚和我不太一樣，他是用大量的蒜來降低鱔魚的腥味，我雖然也用蒜，但量不大，因為我更喜歡用米酒去腥。這樣一盤帶著酒香的蒜片爆鱔魚，蓋在米飯上拌著吃，簡單又方便，適合人少的時候單人享用或者二人世界時品嚐。

帶有酒香的鮮美蓋飯！

材料：

◆ 鱔魚300克
◆ 生抽醬油12克
◆ 太白粉適量

◆ 薑10克
◆ 米酒10克
◆ 鹽適量

◆ 蒜頭15克
◆ 蔥40克
◆ 糖適量

準備：

1.鱔魚洗淨去頭，鱔身切段後再切成條備用。
2.薑切絲、蒜頭切片、蔥切段備用。

製作過程：

1 薑絲、蒜片先入油鍋爆香。
2 倒入鱔魚條爆炒。（圖1）
3 加入生抽醬油和米酒快速翻炒。（圖2）
4 加入蔥段，適量鹽和糖，快速翻炒調味。（圖3）
5 淋入適量太白粉勾薄芡即可。

圖1

圖2

圖3

凌尒尒說：

◆ 鱔魚的口感清脆滑潤又彈牙，有豐富的膠原蛋白；爆炒時間要短，火要旺，如此食用的口感最佳。

印尼沙嗲牛肉蓋飯

　　沙嗲，原產於東南亞，由薑黃粉、花椒、八角等多種香辛料研磨混合而成，味道辛香，辣而不嗆，不管是做湯麵還是臘肉食用，總能給人歡樂又開胃的快感。注意，沙嗲不是沙茶，它們雖是同胞兄弟，但沙嗲是純粹的香，沙茶在香料辛香風味的基礎上則更加濃郁，還加入了芝麻、蝦米、小魚乾和花生醬等，吃起來有另一番滑順濃稠的醇香。用二者製作成的食物風味差異頗大，而喜歡東南亞風味的朋友則兩者都可以分別做看看。

歡樂開胃的獨家秘方！

材料：

- 牛肉250克
- 印尼沙嗲醬50克
- 蒜頭15克
- 豌豆140克
- 紅蘿蔔50克
- 鹽適量
- 太白粉適量

準備：

1.牛肉洗淨切片，加入沙嗲醬拌勻，醃3小時。
2.紅蘿蔔洗淨去皮切片，用花形模具刻出花形紅蘿蔔。
3.豌豆洗淨，去絲備用。
4.蒜頭切成蒜末備用。

製作過程：

1. 鍋中倒入適量油燒熱，倒蒜末爆香，並放入醃好的牛肉片翻炒至變色後盛出。（圖1）
2. 在鍋中再加入適量油，倒入豌豆翻炒片刻。
3. 加入紅蘿蔔片翻炒，倒入牛肉片，一同炒至牛肉熟。（圖2）
4. 淋入適量太白粉水勾芡，最後加入適量鹽調味即可。（圖3）

凌尒尒說：

- 本篇所選的沙嗲醬是印尼沙嗲，市面上也有馬來西亞的沙嗲。這些醬料雖均為沙嗲，但風味略有不同，都具有出產國當地特徵，在網路上都可以查得到喔！

圖1

圖2

圖3

營養豐富的豆豆，
適度食用好處多多！

　　豆豆的種類繁多，紅豆、大紅豆、綠豆、黑豆、黃豆……都是日常生活中常見，而且都有一個共同的特色，就是富含人體所需的8種必需胺基酸以及大量的優質植物性蛋白質，且膽固醇及脂肪含量低，對身體負擔較小，遂成為許多健身、減肥者的指定食材。

　　不過，每一種豆豆的營養成分還是有些微的不同，每個人的身體狀況也不同，可以視自己的需求選擇適合食用的豆子。還有一點請特別注意，食用豆類時，務必煮到熟透，不然可能會引起中毒，反而影響身體健康。

黃豆

　　黃豆又名大豆，營養價值極高，含有多種維生素、膳食纖維、蛋白質、鐵質、卵磷脂以及大豆異黃酮素。

　　適量食用黃豆製品不僅可以預防骨質疏鬆症，促進骨骼強健，還可以保護血管彈性、有效降低血脂及膽固醇，達到預防心血管疾病之功效。對於預防癌症、改善貧血以及更年期女性補充女性荷爾蒙荷爾蒙亦有極大的助益；此外，黃豆中的抑胰酶，對糖尿病的控制也有療效，可謂糖尿病患者、心血管疾病患者以及更年期女性的保健食品。

　　生活中有許多黃豆製品，豆漿、豆花、豆乾、豆皮等皆屬其中，適度食用有益於人體健康。

豇豆（豇與江同音）

　　豇豆富含植物性蛋白質、葉酸、多種維生素及礦物質（維生素A、維生素B群、維生素C、鐵、鉀、磷、鎂等），具有止吐止泄、健胃補腎、解渴健脾、美顏養身、益氣生津、潤腸通便、解毒等功效。

　　台灣最常吃到的作法，當屬酸豇豆，吃起來微酸，口感類似醬瓜清脆爽口，夏天食用非常開胃。需注意的是，豇豆與四季豆一樣，食用時一定要煮熟，不然容易導致中毒、腹瀉等狀況。其豆莢長相類似四季豆，只是豇豆更為細長，四季豆比較寬扁。

豌豆

　　說到豌豆，大家最有印象的大概就是冷凍三色蔬菜（紅蘿蔔丁、玉米粒、豌豆仁），小的時候，每逢颱風天菜價昂貴，我家就會出現這道菜，稱其為記憶中的味道一點也不誇張。

　　豌豆除了含有大量澱粉供給人體熱量之外，還含有多種營養素，包括：8種人體必需胺基酸、蛋白質、β-胡蘿蔔素、葉黃素、維生素C、維生素A、維生素B、鐵質、鈣、磷……等，不僅可以養顏美容，還能促進新陳代謝，對於改善視力也很有幫助。不過豌豆容易導致脹氣，切記不要一口氣吃太多喔！

綠豆

　　中醫裡面有醫食同源的講法，綠豆就是一個很好的例子。綠豆味甘性涼，富含膳食纖維、B群維生素、大量蛋白質及鐵、鈣等多種礦物質，具清熱解毒、消暑止渴、利尿消腫的功效，夏季有許多清涼的冰品均與綠豆有關，譬如綠豆湯、綠豆蒜、綠豆沙等等，都是非常受歡迎的消暑聖品，無論大人小孩都十分喜歡。

　　此外，對於女性美容也有助益，用綠豆粉加水調成泥狀敷臉，可收去角質、美白淡斑、抗痘、潤澤肌膚等功效。

紅豆

　　紅豆又名「相思豆」，不僅別名好聽，對人體也有不錯的功效，可以提供豐富的鐵質、維生素B群、膳食纖維、醣類、鉀及磷，適度攝取紅豆，能潤腸通便保護腸胃、降血壓、降血脂、調節血糖、利尿排水；此外，紅豆更是女生的好朋友，生理期間服用紅豆湯及紅豆水，具補血、強化體力、紅潤臉色、消水腫的效果。

　　紅豆常應用在各式甜品當中，紅豆湯圓、紅豆牛奶冰棒、紅豆湯、紅豆餅，光想到就讓人流口水。

黑豆

　　黑豆富含大量蛋白質、異黃酮素、花青素、膳食纖維、維生素B群、不飽和脂肪酸等多種營養成分，是近幾年非常熱門的養生食品。大家常食用的黑豆漿、黑豆腐不僅是控制體重、補充蛋白質的好幫手，對於易生白髮、易掉髮者亦有很好的食療效果；而黑豆水則可以補精氣、利尿消水腫、促乳；此外，黑豆富含多種抗氧化成分及維生素E，長期服用黑豆，可延緩身體老化、減少皺紋、皮膚細緻光澤、防止黑斑生成，對愛美女性極有助益。

蠶豆

　　蠶豆因其豆莢狀似蠶而得名，對於很多人來說，它可能是比較陌生的食材，如果對它有些微印象，可能是在便利商店或大賣場所販售的零食—蠶豆酥。其實，蠶豆與大多數的豆類一樣，營養豐富，食用價值非常高，蠶豆性平味甘，含有大量有利人體健康的成分，包括膳食纖維、蛋白質、胡蘿蔔素、鐵、鈣、鉀、磷等，具健腦、抗癌、益氣健脾、增強記憶力、排水消腫、降膽固醇、排便順暢等功效。蠶豆除了煮熟後直接吃，也可以拿來熬粥或煮飯，不過要特別注意，罹患蠶豆症者不可食用。

四季豆

　　四季豆也有人稱敏豆，屬菜豆的一種。菜豆依其豆莢之形狀作為區隔，可分為兩種：扁莢型的醜豆（一般多以台語發音）及圓莢型的四季豆。四季豆顧名思義，一年四季都能吃得到，不過春、秋兩季為盛產期，吃起來也更美味。

　　四季豆不僅吃起來帶著微甜，兼有爽脆的口感，小朋友特別喜歡。挑選四季豆時，可選擇表面平滑細膩的豆莢，以帶有水潤感、富彈性且沒有明顯突出豆粒者尤佳，料理時需注意，四季豆若生食，可能會引發腹痛、噁心嘔吐等症狀，所以一定要煮熟喔！

花豆（大紅豆）

　　花豆因其形狀規則如腎臟，加上表皮滿佈紅色花紋，故又稱腎豆，同時，也是我們一般俗稱的大紅豆。花豆口感綿密、味道香甜，常見於各式各樣的甜湯、甜品之中，若吃膩甜味，拿來燉排骨湯也非常美味。

　　想要買到好吃的花豆，選購時建議把握幾個原則：1.豆身飽滿大粒，果實扎實堅硬、2.表皮有光澤感，色澤漂亮帶紅白斑點尤佳。

　　花豆的食用價值高，包括：蛋白質、澱粉、膳食纖維、醣類、維生素B1、維生素B2、鈣、磷、鐵等營養成分。對於去濕、消水腫、治腳氣病、防便秘、降低膽固醇、預防心血管疾病、恢復體力、改善腿部抽筋等都有不錯的療效，長期適度食用有益身體康健。值得注意的是，花豆中的普林含量較高，痛風及尿酸過高者攝取需適量，此外，花豆所含的澱粉及醣類熱量較高，若想控制體重不宜多吃。

櫛瓜雞球蓋飯

　　作為貪吃之人，口味範圍涉獵要廣，要既能吞得了重口味，也能嚐得了小清新，容納力要足夠，才有福氣多嘗試不同風味。在香辣、麻辣、咖哩、沙茶等重口味調味料的轟炸下，偶爾來些清粥小菜也會讓人感覺很舒適。

　　這道用橄欖油和櫛瓜製作的雞球料理蓋飯，就是一款小清新的代表作之一。帶著茄汁的微酸湯汁中有著櫛瓜的清爽和雞肉的滑嫩，搭配米飯的清新簡約，不失為一大享受。

用清爽橄欖油炒出低脂健康！

 材料：

　◆ 雞肉220克　　◆ 洋蔥90克　　◆ 番茄180克　　◆ 櫛瓜220克
　◆ 橄欖油適量　　◆ 鹽適量　　　◆ 黑胡椒適量

 準備：

1.雞肉去骨去皮，將肉切成塊狀備用。
2.洋蔥洗淨切絲備用。
3.番茄洗淨切丁。
4.櫛瓜洗淨切小片。

製作過程：

1 鍋中倒入適量橄欖油燒熱，倒入洋蔥絲爆香炒到軟。

2 倒入雞肉翻炒至變色，並加入適量黑胡椒。（圖1）

3 倒入櫛瓜片同炒，再加入適量水煮2分鐘左右。（圖2）

4 倒入番茄丁翻妙，最後加入適量鹽和黑胡椒調味即可。（圖3）

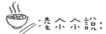 凌尒尒說：

◆ 費一點心思，將所有的食材切成同樣大小，炒出來的菜口感才會更好吃喔！

圖1 / 圖2 / 圖3

醬燒雞排蓋飯

　　在外吃飯，最喜歡讓服務生幫忙在米飯上舀一勺醬汁，這樣吃起來會更有滋味，也更下飯。在家裡吃飯時也一樣，我總會備一道有醬汁或滷汁的菜式，可以隨個人喜好來配飯用的。

　　這道醬燒雞排飯，也運用了醬汁的點睛之筆。雖然原料是雞腿，但也不浪費雞骨頭，放到醬汁中燉出肉味，最後才放入雞排煮熟收汁，這樣的醬汁真是好吃，雞排也很入味，相信一定會得到家人青睞。

畫龍點睛的元素來自於醬汁！

 材料：

- ◆ 雞腿6個
- ◆ 排骨醬15克
- ◆ 叉燒醬15克
- ◆ 海鮮醬15克
- ◆ 生抽醬油18克
- ◆ 水450毫升
- ◆ 薑17克
- ◆ 蔥17克

🕐 準備：

1. 雞腿去皮去骨，切成塊狀備用。
2. 蔥切段備用。

🥄 製作過程：

❶ 取一大鍋，將配方裡除了雞腿肉外的所有食材都混在一起，加入去肉的雞腿骨。（圖1）

❷ 水燒開後轉小火，燉至水收汁至一半。（圖2）

❸ 將鍋中雞腿骨取出，將雞排肉放入鍋中，開大火煮約15分鐘，至醬汁變稠，雞排入味即可。（圖3）

 麥尒尒說：

◆ 做好的雞排飯搭配一些蔬菜會更好吃喔！

| 圖1 | 圖2 | 圖3 |

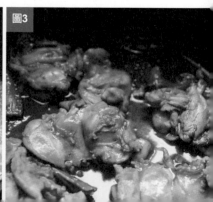

迷迭香烤鴨腿蓋飯

　　在芬芳的香草世界裡，有一些香草經常被人拿來製作美食，如薰衣草、迷迭香、百里香、九層塔、羅勒等。

　　本篇的迷迭香烤鴨腿，就是讓迷迭香的香氣通過醃製和燒烤充分進入鴨腿中，迷迭香不僅去除了些許鴨肉的腥氣，還增添了這道菜的風味，迷人而豪華。燒烤中，鴨皮將油脂盡數逼出，與橄欖油、迷迭香、大蒜等風味各異的食材融合搭配，更增添了另類的複合風味，除了主菜烤鴨腿，墊在鴨腿底部的蔬菜也盡收精華，一次製作便得到主菜和蔬菜的雙重滿足，真是簡單又好上手。

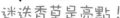

迷迭香草是亮點！

材料：

◆ 鴨大腿2個 ◆ 蒜頭60克 ◆ 迷迭香7克
◆ 橄欖油50克 ◆ 鹽7克 ◆ 黑胡椒3克
◆ 香菇180克 ◆ 紅蘿蔔130克 ◆ 馬鈴薯130克

準備：

1. 鴨腿洗淨備用。
2. 取一半蒜頭剁成蒜泥備用。
3. 迷迭香切成細末備用。
4. 紅蘿蔔洗淨去皮，切成滾刀塊備用。
5. 香菇洗淨去蒂後，對半切開備用。

製作過程：

❶ 橄欖油中加入事先準備好的蒜泥、鹽、黑胡椒、迷迭香末拌勻，均勻抹在鴨腿上，並在鴨皮下也抹入橄欖油以便入味。（圖1）

❷ 鴨腿醃製2小時，之後將準備好的蔬菜和未剁成蒜泥的整粒蒜頭鋪到烤盤中，並擺上醃好的鴨腿。（圖2）

❸ 預熱烤箱至200度C，烘烤1小時30分鐘，中間不定時取出翻面5次，並用鴨肉中滲透出的油和原有的橄欖油重新淋到鴨腿上再繼續烤。（圖3）

圖1

圖2

圖3

凌尓尓說：

◆ 建議一定要加入香菇和大蒜，這兩種蔬菜經過複合油脂和香草的薰陶，可是美味得沒話說！

◆ 由於本配方中的鴨腿較大，所以需要較長的烘烤時間；但如果你買的是小鴨腿，燒烤時間就可以適量縮短囉！

\Part3/

16道
一吃就有
幸福感的創意麵

Noodles: Making People Happy with One Try

麵條界也吹起混搭風！義大利麵躍入南瓜醬中、在蒜蓉堆裡
探頭探腦，或是在芥菜中回眸一笑，看過這些，你就會懂
什麼是創新的驚豔。還有喔！日本拉麵除了呼嚕呼嚕地熱騰
騰下肚，還能創造出濕炒麵般根根入味的味覺體驗；當蕎麥
麵和花生醬組合在一起，健康又美味的涼麵將華麗誕生；另
外，還有用韓式泡菜炒出的特色寬麵，這些鮮爽滋味只有嚐
過才知道。

奶油南瓜雞丁麵

　　人們做菜總有個慣性思維，中國式食物就用中式搭配，外國食物就用洋式搭配，似乎任何跳躍式的穿插總會讓人一愣，不過，像這樣帶著疑問的品嚐往往會帶來不同的驚喜結果。像我喜歡在餃子中加起司，在包子中藏培根，將PIZZA抹上中國醬，把義大利麵炒出中國味。試問有何不可？只要搭配得當，我相信，這將不僅是一道菜餚，還將會是一道令人驚豔的藝術品。我願意不斷嘗試，並與大家一同分享。

　　比如這道奶油南瓜雞丁麵。當醇厚甜美的南瓜醬裹著義大利麵入口時，那爽滑Q彈，甜香清新的麵條將會在你的舌頭上跳躍起來。

用南瓜醬裹住義大利麵的好味道！

材料：

◆ 雞腿肉200克　◆ 奶油25克　　◆ 義大利麵150克　◆ 鮮奶油120克
◆ 南瓜400克　　◆ 水適量　　　◆ 鹽適量　　　　◆ 黑胡椒適量

準備：

1. 將雞腿肉切成丁狀，加入適量鹽、黑胡椒調味備用。
2. 南瓜洗淨去皮去籽，切成薄片，放入微波爐中以高火微波5分鐘，取出後搗成泥狀備用。
3. 義大利麵放入滾水中，加入適量鹽和橄欖油煮至軟，再泡入冰水中備用。

製作過程：

圖1

❶ 在鍋中加入奶油融化後，倒入雞丁炒熟後盛出。
❷ 鍋中倒一點油，倒入瀝乾水的義大利麵再翻炒片刻。（圖1）
❸ 加入南瓜泥，翻炒至南瓜泥裹滿義大利麵。（圖2）

圖2

❹ 加入鮮奶油和適量水，調整醬汁的濃度。
❺ 倒入事先炒好的雞丁翻炒均勻。（圖3）
❻ 加入適量鹽調味即可。

圖3

麥尔尔說：

◆ 義大利麵煮熟後，用手指就可以掐斷，以麵芯略帶一點生為要，吃起來會較有嚼勁。

奶油菌菇義大利麵

　　很多人說奶油義大利麵吃來易膩，但我想說，若是對於喜歡這種味道的人，那可是怎麼吃都吃不夠。被奶油包裹的義大利麵爽滑入味、奶香濃郁。做這種口味的義大利麵，幾乎所有麵都能通用，長圓麵、蝴蝶麵、斜管麵等等都可以，但最好的搭配還是斜管麵，因為其中空的造型能包覆住最多醬汁，對於喜愛奶油義大利麵的人來說，這樣的滿足感難以形容。用兩種菌菇的鮮味來襯托奶油的奶香，即使沒有肉的搭配，這樣一道素食義大利也絕不遜色。

兩種菌菇熬出的獨特奶香！

材料：

◆ 香菇100克　　◆ 蘑菇150克　　◆ 鮮奶油130克　　◆ 斜管麵250克
◆ 蒜頭15克　　◆ 黑胡椒適量　　◆ 鹽適量

準備：

1.香菇、蘑菇洗淨，切片備用。
2.大蒜去皮，剁成蒜末備用。
3.斜管麵煮至八分熟，用冰水浸泡備用。

製作過程：

❶ 鍋中倒入適量油燒熱，爆香蒜末。
❷ 倒入香菇片和蘑菇片翻炒至軟。（圖1）
❸ 倒入鮮奶油拌勻，並加入適量煮義大利麵的水，將其燒開。
❹ 加入煮好、瀝乾水的斜管麵，邊煮邊收汁。（圖2）
❺ 至麵煮軟煮熟，加入適量黑胡椒和鹽調味即可。（圖3）

麥小小說：

◆ 煮義大利麵的水不要倒掉，在後續的料理過程中還可以使用，煮麵水對醬汁來說有乳化的效果，作用類似太白粉，能使醬汁更稠、更香。

◆ 斜管麵第一遍下水煮時不要煮到全熟，因為後續還有煮奶油醬汁的過程，所以一開始只需煮到八分熟，讓中間還有硬度即可。

圖1

圖2

圖3

奶油燉菜焗義大利麵

　　只要用心，即使是再簡單的料理也能打動人的胃和心，比如這道奶油燉菜焗義大利麵。奶白色的醬汁下覆蓋著美味蔬菜，淋在飯上濃稠綿密。不過，我想讓這醬汁更加充分地發揮特色，於是將白米飯換成與醬汁類義大利麵最搭的斜管麵，利用麵糊的稠度放進烤箱焗烤一會兒，真是好吃。

調製濃稠綿密的奶油醬汁！

材料：

白醬	◆ 麵粉20克	◆ 奶油20克	◆ 牛奶250克
其他	◆ 綠花椰100克	◆ 馬鈴薯320克	◆ 紅蘿蔔250克 ◆ 雞腿3個
	◆ 洋蔥100克	◆ 斜管麵250克	◆ 起司絲適量

準備：

1. 綠花椰切成小塊，洗淨備用。
2. 馬鈴薯洗淨削皮後，切塊，泡在淡鹽水中備用。
3. 紅蘿蔔洗淨削皮後，切塊備用。
4. 雞腿切開剝出雞肉，切成雞肉塊備用。
5. 洋蔥去外皮後洗淨，切片備用。
6. 斜管麵煮至八分熟，用冰水浸泡備用。
7. 起司預先刨成絲備用。

製作過程：

一、製作白醬

❶ 鍋中放入奶油融化，倒入麵粉快速炒開成奶油麵糊。

❷ 加入一小部分的牛奶，將奶油麵糊煮開、煮均勻，接著倒入剩餘牛奶，煮到醬汁變乳白色即可。

二、製作奶油義大利麵

❶ 鍋中倒入適量油，倒入洋蔥片爆香。

❷ 倒入雞肉塊同炒，炒到肉塊變色，將雞肉塊夾出，鍋中只剩洋蔥片。

❸ 利用洋蔥的香味和鍋底剩下的油，倒入馬鈴薯塊和紅蘿蔔塊翻炒均勻。

❹ 鍋中加入水，水的量要淹過馬鈴薯等食材。

❺ 開大火將水燒開，隨後轉為小火，蓋上鍋蓋悶煮，煮到馬鈴薯和紅蘿蔔快熟時開鍋。

❻ 倒入綠花椰和雞肉塊翻炒均勻，煮1～2分鐘將食材都煮熟。

❼ 倒入白醬炒勻，鍋中此時要有一些湯汁，以便煮開白醬，開中火讓所有醬汁煮勻。

❽ 加入適量鹽調味。

❾ 將事先煮好的斜管麵鋪在耐熱碗底部，放入奶油燉菜，表面鋪上起司絲，放入事先預熱至200度C的烤箱中，烤至起司融化即可。

麥小小說：

◆ 製作奶油麵糊時要用小火，慢慢用湯匙或鏟子將麵粉和奶油炒勻，切不可開大火，否則容易將麵粉醬炒焦結塊。

◆ 倒入牛奶煮白醬時記得要分次加入，先倒一點，將麵粉醬煮開至無顆粒狀時，再繼續加剩餘的牛奶，同樣也是分次慢慢加入，拌勻了再加下一次，這樣可以保證炒出來的白醬十分細滑，無結塊。

◆ 雞肉很容易熟，所以用洋蔥炒過後要先夾出備用，不能跟蔬菜一起燉煮，否則雞肉容易變老變柴就不好吃了。

◆ 若家中沒有刨起司的工具也不用擔心，可以把起司切片後鋪在義大利麵上，也可以達到一樣的效果。

涼拌芥菜義大利麵

　　喜歡玩美食搭配創意的我，總會在各色菜式中周旋，尋找味蕾上的平衡點。拿義大利麵來說，我甚至拿它炒過雞丁和牛柳。在我看來，只要好吃，沒有什麼不可以的。其實，在義大利，除了經典的茄汁義大利麵、肉醬義大利麵、千層麵等，聽說當地人更愛吃簡單的涼拌義大利麵。做好醬汁或配料，直接與煮好的麵拌在一起吃，快速簡單又方便，擺盤更是隨意，僅以簡單蔬菜、起司等點綴即可。於是我想到，既然義大利有羅勒松子義大利麵，那麼拿中式超下飯的芥菜來拌麵又如何？試過之後，我可以告訴大家，真的非常好吃，是一道有驚喜的搭配，推薦給你們一試！

用中式下飯菜拌出美味義大利麵！

材料：

◆ 橄欖油50克　　◆ 洋蔥40克　　◆ 芥菜250克　　◆ 義大利麵200克
◆ 雞蛋丁適量　　◆ 起司粉適量

準備：

洋蔥洗淨去皮，切成細末備用。

製作過程：

圖1

❶ 鍋中倒入橄欖油燒熱，倒入洋蔥末爆香。

❷ 加入芥菜炒勻，拌麵醬就完成了。（圖1）

❸ 將拌麵醬放涼備用。

❹ 將義大利麵煮熟，放到冰水中收縮後瀝乾撈起。

❺ 麵條中加入少量橄欖油拌勻。（圖2）

圖2

❻ 取適量炒好的芥菜醬與麵條拌勻。（圖3）

❼ 撒上適量雞蛋丁和起司粉作為裝飾。

凌尔尔說：

◆ 煮好的義大利麵要過涼水，這樣可使麵條更加Q彈。

◆ 麵條加入適量橄欖油拌勻的目的是要防沾黏，用這個方式處理過的義大利麵，放一天都可以。

◆ 我這邊用的芥菜是罐頭食物，已經含有鹽分，所以此處無須額外加鹽。

◆ 本篇中的義大利麵是我親手製作的，配方為高筋麵粉500克、雞蛋216克、鹽2克，將所有原料混合均勻後揉成麵團，過壓麵機，反覆多次擠壓後再切成寬條型即可。這種麵條調體呈黃色，耐煮，口感好、彈性十足，推薦給喜歡手工製麵的朋友。如果沒有時間自己做，用市售圓管麵或寬麵亦可。

圖3

蒜香奶油蝦仁蝴蝶麵

　　我一直以來都非常喜歡大蒜做的美食，以前做過蒜泥麵包，炒青菜也一定要放好多蒜泥。蒜泥加點糖和生抽醬油拌一拌，醃製2小時左右即可作為沾醬使用，用來沾食白肉、水煮蔬菜等都非常美味。在常見的奶油義大利麵中加入大蒜，一定也非常有驚喜。蒜味與蝦仁的鮮味融合一體，與鮮奶油搭配不僅不奇怪，還給奶油化解了油膩感，增加了奶香味，這款搭配真的值得推薦。

大蒜與奶油的驚喜碰撞！

 材料：

- ◆ 鮮奶油90克
- ◆ 蝴蝶麵100克
- ◆ 牛奶110克
- ◆ 蝦仁85克
- ◆ 蒜頭20克
- ◆ 鹽適量

🕐 準備：

1. 蒜頭切成蒜末備用。
2. 鮮蝦洗淨後去殼，開背去蝦腸後，量85克備用。
3. 燒一鍋開水，加入適量橄欖油和少量的鹽，將蝴蝶麵放水中煮到八分熟後撈出，瀝乾後泡入冰水中備用。

🥄 製作過程：

❶ 炒鍋中倒入適量油燒熱，先炒蝦仁至八分熟後盛出。（圖1）
❷ 鍋中再倒入適量油，爆香蒜末後倒入瀝乾水的蝴蝶麵翻炒。（圖2）
❸ 放入鮮奶油和牛奶，將麵煮至全熟。（圖3）
❹ 加入蝦仁翻炒均勻，最後加入適量鹽調味即可。

🍜 凌尓尓說：

◆ 蝴蝶麵要煮到表面變成奶黃色，用手指可以輕鬆掐斷、麵身變軟了為止。煮好的蝴蝶麵如果不立即使用，可以在煮到中間夾心還稍帶有未熟麵芯的狀態，就先從熱鍋中撈出，過冰水瀝乾備用。

圖1

圖2

圖3

豆漿雞絲烏龍麵

媽媽喜歡吃烏龍麵，所以我在家也想嘗試做做看。那天突發奇想，想用豆漿來做麵條湯底，自家榨的豆漿比較香濃，味道也比外面買的好，製作起來很簡單，提前一晚泡發黃豆，用豆漿機榨汁，最後舀出豆漿煮熟。用豆漿搭配雞絲，做一道健康美味的豆漿雞絲烏龍麵，媽媽們一定喜歡。

媽媽一定喜歡的創意營養麵！

材料：

◆ 烏龍麵200克　　◆ 絲瓜240克　　◆ 紅蘿蔔120克　　◆ 雞腿2個
◆ 豆漿適量　　　　◆ 鹽適量　　　　◆ 薑適量　　　　　◆ 蔥適量

準備：

1. 雞腿洗淨備用。
2. 絲瓜與紅蘿蔔切絲備用。

製作過程：

一、製作手撕雞絲

❶ 雞腿洗淨，涼水下鍋，放塊薑跟香蔥，
　開火。煮的過程中用筷子插入雞腿中，
　把裡面的血水放出。（圖1）

❷ 煮雞腿時要注意看時間，全程（從雞腿
　下鍋到撈起）15分鐘左右即可。

❸ 取出雞腿，放入準備好的冰水中，立即
　收縮雞腿的肉質，使其脆嫩。

❹ 待涼，用手撕雞腿肉。放置旁邊備用
　時，請蓋好蓋子。

二、製作豆漿雞絲烏龍麵

❶ 鍋中加入自製豆漿，煮至沸騰後再煮5
　分鐘。

❷ 放入絲瓜絲與紅蘿蔔絲，煮至兩者熟
　透。（圖2）

❸ 放入烏龍麵，攪開並煮熟。

❹ 加入適量鹽調味，關火後加入事先撕好
　的雞絲拌一拌即可。（圖3）

圖1

圖2

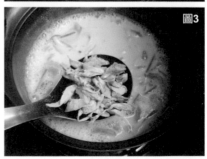

圖3

凌尒尒說：

要將雞肉煮嫩，有兩個重要的步驟：

◆ 步驟1.鍋裡放涼水，扔進三根香蔥。從雞腿
下鍋到最後關火，時間總共是15分鐘左右。
煮製過程中，你可以拿刀子或筷子，也插入
雞腿肉中15分鐘左右，將刀子或筷子拔出

時，再將肉稍稍掰開，若無很多血水，裡面
的肉變白即為煮熟。

◆ 步驟2.雞腿撈出後，立刻放入事先準備好的冰
水裡，讓冰水把雞肉縮一下，一冷一熱的溫
差，能把雞肉的纖維拉緊，使雞肉更加鮮嫩。

香滑順口的麵條，
淅瀝呼嚕吃下肚！

　　除了米飯，麵食亦是許多人常吃的主食，而且無論東西方都很常見，料理方式多樣化，炒麵、湯麵、拌麵、焗麵、沾麵等各有不同風味及魅力。在寒風刺骨的冬天裡，我最愛吃上一碗熱騰騰的湯麵，最好加點辣，整個身體都暖和了，難怪麵食深受大家喜愛。接下來，讓我們看看幾種比較具指標性的麵食吧！

河粉

　　河粉又稱沙河粉，是中國廣東、廣西、福建和港澳、東南亞一帶常見的作為主食的食材，傳統河粉為手工製，其作法為將白米磨成粉狀，加水調製成米漿呈糊狀，再用蒸籠蒸製，待冷卻後切成條狀即完成，顏色白皙帶透明感非常美麗，不過近年已機械化生產。河粉用手壓下去偏軟，入口後軟軟QQ的，是許多人喜歡的食物，常見煮法為炒或水煮後配高湯，例如乾炒牛河、越南河粉。

米線

　　米線是一種呈細細線條狀的米製品食物，顏色潔白，屬中國傳統風味小吃，源自中國雲南，以新鮮白米為原料，經過十多道繁複程序方能製成。米線因其製程、手法差異分為兩種，「酸漿米線」為傳統製法，生產費時，口感爽口滑嫩；「乾漿米線」口感較硬、偏乾，且沒有酸漿米線來得香。米線易於消化口感佳，可謂老少咸宜。著名的米線當屬「過橋米線」，搭配肉湯和特殊佐料，光想到就要流口水。

蕎麥麵

　　蕎麥麵是用蕎麥麵粉摻水和成麵團切製的細麵條，視店家所使用的蕎麥麵粉種類不同，麵體顏色有偏白、偏黑兩種，其膳食纖維是白米的八倍，有助消化、預防便秘，經常食用對改善肥胖有助益。蕎麥麵可以吃冷麵或溫熱的，所搭配的沾汁及佐料有所不同，最常見的配菜為天婦羅、山菜等食材。

　　說到對於蕎麥麵的喜愛，就不得不提到日本人，除了隨處可見的蕎麥麵專賣店、小麵攤，甚至還有販售杯裝的速食麵。此外，日本人會在除夕夜吃蕎麥麵條以求長壽；搬到新家，向新鄰居打招呼時，也常會饋贈「喬遷蕎麥麵」，因為麵體又細又長，象徵彼此往來長長久久。

烏龍麵

　　烏龍麵的麵條顏色白潤、麵體較粗（直徑約為0.4-0.6cm），口感滑順、Q軟彈牙、老少咸宜，無論做成炒烏龍麵、烏龍湯麵、沾汁冷麵都非常速配，是最具日本特色的麵條之一，與日本的蕎麥麵、綠茶麵並稱日本三大麵條。在日本料理店是很常見的食材，甚至有許多商家在店內表演手打烏龍麵，以現擀、現切、現煮作為噱頭，搭配清爽鮮甜的湯底，讓客人品嚐烏龍麵最單純原始的美味。

菠菜麵

　　菠菜麵是用菠菜、麵粉所製成的特色麵食小吃，菠菜一年四季都有，葉子是較深的碧綠色，接近根部則為粉嫩的淺紅色，非常漂亮。麵條當中加入菠菜不僅顏色翠綠鮮嫩、賞心悅目，同時還是有益健康的保健食品，同時兼具菠菜及小麥製麵粉的營養，可以攝取到 β-胡蘿蔔素、蛋白質、維生素A、維生素B、維生素C、維生素D、維生素E、鐵、磷、膳食纖維等營養成分，適度食用對人體很有幫助。

義大利麵

　　講到西方美食，一定少不了口味、外型、配料多變的義大利麵！的確，對偏愛麵食的人來說，有什麼比一盤熱氣蒸騰、香味四溢的義大利麵更誘人？肚子餓了，只要抓一把義大利麵，放入滾水裡加鹽煮熟後，再依個人口味喜好分別拌入紅、白、青醬等，即能呈現義大利麵的經典風味，若胃口不佳，想吃得清淡一些，蒜味清炒也是一個不錯的選擇。傳統口味都吃膩了？咖哩口味、泰式酸辣口味保證讓你耳目一新。

咖哩培根燴麵

　　太忙沒空做飯？太閒懶得做飯？不管是什麼理由，「吃」都是人生大事，切不可馬虎大意。僅以此篇麵食獻給「沒飯吃」的朋友們。

　　咖哩培根燴麵，沒有任何技術要求，是最簡單的異域麵，也是最快手的家常簡餐，即使是廚房新手都可以輕鬆完成。先到超市挑選一款自己喜歡的咖哩塊吧！原味、辣味、特辣都可以隨意挑選，湯底可用雞湯、鴨湯或白開水，將咖哩塊丟到水裡煮開，下麵條、培根，再搭配一些簡單的蔬菜和雞蛋，15分鐘就可以完成的咖哩培根燴麵，快速又好吃，與光啃餅乾或啃麵包相比，可是幸福指數直沖雲霄！

新手也能完成的家庭簡餐！

 材料：

◆ 培根100克　　　◆ 咖哩塊3塊　　　◆ 自製手工麵條1把
◆ 雞蛋1個　　　　◆ 小黃瓜適量

準備：

1.煎荷包蛋，待兩面凝固呈金黃色即可盛出備用。
2.小黃瓜洗淨外皮後，切成絲備用。
3.培根切丁。

製作過程：

1 鍋中倒入少許油，把切好的培根丁倒入鍋中，翻炒出香味。（圖1）

2 加入咖哩塊，加適量水煮出稠稠的咖哩湯汁即可。（圖2）

3 用另外一個湯鍋，在煮咖哩的同時煮麵條，煮軟即可關火撈出。（圖3）

4 麵條盛盤，淋上咖哩培根醬汁，再放上煎蛋即可。

麥小小說：

◆ 咖哩塊本身帶有鹹味，所以製作此麵可不另外加鹽。

◆ 沒有自製手工麵也可以從超市買現成的麵條。

圖1

圖2

圖3

番茄雞蛋大滷麵

　　自從家裡買了壓麵機，我就對它愛不釋手，使用率極高。因為有它，我終於發現麵條的Q彈體現在何處，以及什麼叫久煮不爛；這些，真的只有用雞蛋加入麵粉中才能製作出來。製作麵條時，和麵液體要少，使麵的質地乾一些，過壓麵機後平整服貼，壓出的麵條稍微風乾後裝袋放冷凍保存，想吃時隨取隨用，這樣做出來的麵條Q彈爽口，煮好後即便泡在麵湯中也不會糊成麵疙瘩，根根爽滑分明！

　　本書後續將介紹多款麵條，有加入玉米麵粉的玉米麵條、菠菜麵條，還有普通麵條。本篇介紹百分之百的雞蛋麵，完全由雞蛋來和麵，不加一滴水，這款麵條與其他麵條相比，Q勁加倍，彈牙無比，真是麵食中的超棒組合。

自家DIY的手工麵就是好吃！

材料：

手工雞蛋麵

◆ 中筋麵粉300克　　　◆ 雞蛋130克　　　◆ 鹽2克

番茄雞蛋滷汁醬料

◆ 番茄2個（約450克）　◆ 雞蛋3個　　　◆ 豇豆80克　　　◆ 蝦米35克
◆ 番茄醬3大匙　　　　◆ 辣椒醬1大匙　　◆ 鹽適量　　　　◆ 太白粉適量

準備：

1.蝦米提前洗淨備用。

2.豇豆洗淨，剪成或切成1cm左右長的小段。

3.番茄洗淨，去皮切丁。

4.雞蛋打在碗裡，3個蛋加3大匙水，攪拌成蛋液備用。（這也是使炒雞蛋更嫩的祕訣。）

製作過程：

1️⃣ 鍋中倒入適量油，加入打好的雞蛋煎炒，把雞蛋用鏟子切小塊一些，盛出備用。（圖1）

2️⃣ 倒入蝦米爆香，加入豇豆段一同翻炒至軟。

3️⃣ 加入番茄丁同炒，不加水，將其熬成番茄泥。（圖2）

4️⃣ 加入事先炒好的雞蛋，並加3大匙番茄醬調味，若喜歡吃辣，還可以再加入1大匙辣椒醬，一起炒勻。（圖3）

5️⃣ 加入適量鹽調味。

6️⃣ 加入適量太白粉，把番茄雞蛋滷汁勾芡收汁即可。

7️⃣ 麵條煮熟盛入碗中，加適量食用油或者橄欖油拌一拌，以防麵條沾黏，並將番茄雞蛋滷汁盛入碗中跟麵條拌一拌即可食用。

圖1

圖2

圖3

麥尒尒說：

◆ 番茄雞蛋滷汁的製作過程中，除了最後加大白粉芡，其餘全程不加水，因為番茄裡含水量不小，再加水的話醬汁就會變稀，味道也會跑掉。

◆ 手工麵的製作過程可見本書最後的附錄。

培根鴻喜菇玉米麵

　　製作手工麵條的好處，就是可以任意加入健康的、自己喜歡的食材，從而將一份普通的麵條打造得個性十足。我曾做過黑芝麻麵、紅蘿蔔麵、菠菜麵、蕎麥麵，還有本篇的玉米麵等與眾不同的麵條，讓麵條的風味不再簡單，也更健康，各位愛好DIY的朋友也可以動起手來，打造你們自己喜歡的獨特風味喔！

超有個性的手工玉米麵！

材料：

◆ 鴻喜菇170克　　◆ 青辣椒80克　　◆ 培根90克
◆ 洋蔥160克　　　◆ 香辣醬25克　　◆ 蠔油12克

準備：

1.鴻喜菇去蒂洗淨，瀝乾水備用。

2.洋蔥洗淨，切絲備用。

3.青辣椒洗淨對半切開，去籽切小段備用。

4.培根用刀切小塊備用。

製作過程：

① 將鍋中的水燒開後，下玉米麵煮至八分熟（麵條先試吃一下，確保其煮過後還有些硬度）。（圖1）

② 煮麵的同時邊炒菜，鍋中倒油燒熱，將培根塊炒香，盛出備用。

③ 用鍋中剩下的油炒香洋蔥絲，下鴻喜菇同炒。（圖2）

④ 將麵條瀝乾放入炒鍋中，跟鍋內的食材一同翻炒均勻。

⑤ 加入培根塊和青辣椒段一同翻炒。

⑥ 加入香辣醬和蠔油，炒勻麵條之後即可裝盤食用。（圖3）

凌介介說：

◆ 這一份簡單的家常式炒麵，材料可根據自己的喜好做不同替換，像是將鴻喜菇換成杏鮑菇、香菇、蘑菇均可。不過，鴻喜菇的風味真的是很不錯，眾所周知。鴻喜菇又稱為「蟹味菇」，而蟹的滋味鮮甜，是許多人喜歡的海產，加入麵中有一番獨特的鮮味。

◆ 麵條的製作過程基本步驟都相同，詳細製作過程可見書末附錄。玉米麵條的配方為：中筋麵粉260克、玉米麵粉40克、雞蛋50克、水70克、鹽1克。

圖1

圖2

圖3

私房香菇肉醬拌麵

　　每家的拌麵醬都有自己獨特的風味，我也喜歡在家裡熬製各種肉醬，每次的原料都不同，家裡有什麼就玩什麼。以前甚至會經常熬一堆肉醬送朋友，這樣的伴手禮很少見吧？不過，因為裡面包含著自己的心意，朋友們都很喜歡，我也很開心。我家的私房肉醬都是有著豐富變化的，但做得最多的就是以下這款，煩請看過來！

一手掌握肉醬的豐富表情！

材料：

◆ 豬絞肉350克　　◆ 蝦米25克　　◆ 乾香菇20克　　◆ 豆豉醬40克
◆ 花生醬15克　　◆ 甜醬油膏15克　◆ 黃瓜1根　　　◆ 紅蔥頭適量
◆ 鹽適量　　　　◆ 香油適量

準備：

1.香菇提前1小時泡水至軟，洗淨後切小丁備用。

2.蝦米洗淨，並切成碎狀。

3.豬肉洗淨切小塊後剁成肉末，或者用攪拌機攪成豬絞肉均可。

4.紅蔥頭洗淨去皮，切成薄片。

5.小黃瓜切絲。

圖1

製作過程：

1 將紅蔥頭薄片放入油鍋，炸至金黃香酥，接著放入蝦米炒出香味。

2 倒入香菇丁一同翻炒，倒入豬絞肉，將所有食材炒勻，炒到豬肉轉白。（圖1）

3 加入豆豉醬和花生醬炒勻。（圖2）

4 加入適量水，把醬熬至略收汁，使醬呈略稠的狀態。

5 加入甜醬油膏炒勻。

6 倒入適量太白粉收汁勾芡，最後倒入適量鹽和香油調味，盛出。（圖3）

7 將鍋中的水燒開，把做好的麵條放到鍋中煮，不時用筷子攪一攪，煮約3分鐘，撈出麵條瀝乾水，加入香菇肉醬和小黃瓜絲拌一拌即可食用。

圖2

圖3

 麥小小說：

◆ 如果喜歡香辣款的肉醬，可以加入辣椒、花椒，或者直接加入辣椒油。如果喜歡海鮮風味，則可以加入蝦米等原料。家人喜歡什麼樣的風味就怎麼做，這樣才不妄負「私房」之名。你也來製作一道你自己家的私房肉醬吧！

赤鯮魚湯麵

　　所謂「靠山吃山，靠海吃海」，住在海邊的人最喜歡的湯麵非魚湯麵莫屬。到市場上買點兒新鮮小魚，雙面乾煎，趁熱加入水，再加幾片薑將魚湯煮沸，加入麵條和青菜，就是簡單又鮮美的一餐。我也不例外，爸爸喜歡赤鯮魚，家裡的冰箱裡總有新鮮的存貨。當一個人在家時，這種魚湯麵就是最好的選擇。鮮美又熱乎乎的魚湯加上豐富的蔬菜，冬天來一碗，整個身心都暖和了。

鮮美又簡單的一餐！

材料：

◆ 赤鯮魚2條　　　◆ 麵條1份　　　◆ 番茄1個
◆ 綠花椰幾朵　　　◆ 鹽少許　　　◆ 薑適量

準備：

1. 薑洗淨切3片備用。
2. 番茄洗淨，切塊備用。
3. 赤鯮魚處理乾淨備用。
4. 將綠花椰洗淨，放入沸水中燙一下。

製作過程：

❶ 平底鍋中倒入適量油燒熱，將赤鯮魚放入鍋中煎到兩面金黃即可。

❷ 盛出魚，在鍋中倒入水燒至沸騰，將魚重新入鍋，加入薑片一同燉煮到魚湯呈白色。

❸ 加入綠花椰同煮。（圖1）

❹ 加入麵條煮至軟。（圖2）

❺ 放入番茄塊，最後加入適量鹽調味即可。（圖3）

圖1

麥介介說：

◆ 如果沒有赤鯮魚，換成其他魚也可以，記得一定要先把雙面煎香了再煮才最好吃。

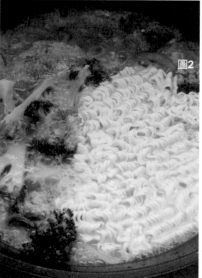

圖2

圖3

魚兒魚兒水中游，
國人常吃的各式魚種！

　　無論中西式餐點，皆可看到各式各樣的魚類料理，魚肉不僅味道鮮美，還富含優質蛋白質及多種礦物質，長期適量食用對身體健康有助益。小時候媽媽常說多吃魚會變聰明，有沒有真的變聰明我不知道，只知道自己成了愛吃又愛烹飪的小吃貨，接下來，讓我們看看有哪些好吃的魚吧！

吳郭魚

　　吳郭魚是由吳振輝、郭啟彰兩位先生由新加坡引進台灣，為了紀念他們，因而得名。吳郭魚通常生活於淡水中，適應能力極強，即便在面積狹小之水域中亦能繁殖，絕大多數的吳郭魚為雜食性，靠著吃水中植物和雜物維生。因為肉多且沒有小刺，食用時不易被魚刺卡住，非常安全，故大受歡迎，台灣各地多有養殖，最常見的作法是紅燒吳郭魚。

赤鯮魚

　　俗稱赤章，又稱黃鯛、黃牙鯛，多出沒於近海暖水性底層，主要分布在西太平洋海域，包括日本、台灣、菲律賓等地。赤鯮魚外觀呈長橢圓形，側面扁平，鮮艷的赤紅色表皮帶有稀疏的小星點，由於野生產量不多，供不應求，故近年多養殖生產。肉質細嫩、營養豐富，加上魚皮為喜慶又象徵吉利的紅色，在台灣為高級魚種之一，逢年過節、婚宴喜慶都常宴請此魚。

青花魚

　　此魚又稱鯖魚，不僅含有大量蛋白質，還含有豐富的DHA，對於增加記憶力很有幫助，煮熟後口感緊緻，肉質細嫩，帶有特殊香氣，由於油脂含量高特別適合燒烤方式烹飪，此外，乾煎或是紅燒也非常美味。不過，青花魚因為容易腐敗又有特殊腥味，故不適合生食，多半以醃製方式做保存與去腥，鹽漬青花魚、茄汁鯖魚罐頭在台灣也很常見又受歡迎。

秋刀魚

　　秋刀魚的魚體修長、魚嘴細尖突出，整尾的形狀如刀，腹部側面呈銀白色，加上主要生產季節為在秋天，故名秋刀魚，屬高蛋白、高脂肪的海水魚，價格低廉，味道鮮美，肉質厚實，適合煎食或鹽烤、蒲燒，常見於日本料理店或是燒肉店的菜單上。秋刀魚可謂CP質很高的魚種，有研究報告指出，秋刀魚含有人體不可缺少的EPA及DHA等不飽和脂肪酸，對心血管疾病患者具一定功效，可以降低壞膽固醇、避免心肌梗塞、減少動脈硬化，適度食用對身體有助益。

鮭魚

　　鮭魚屬洄遊性遠洋魚類，主要生活在大西洋及太平洋的冷水海域，營養豐富，具防治心血管疾病、強化記憶、防止老年癡呆、預防視力惡化等功效。市售鮭魚多以捕撈產地命名，譬如挪威鮭魚、智利鮭魚、阿拉斯加鮭魚等。鮭魚的魚肉為漂亮的淺橘粉色，肉質緊密、鮮美滑嫩、富有彈性，生魚片、煮湯、燒烤、乾煎都是常見吃法。

銀鯧

　　又稱平魚或白鯧，為肉質鮮美細膩的魚種，無鱗少刺，適合各種烹飪方式，在台灣以清蒸及油煎最為常見，台灣人農曆新年常以白鯧圍爐宴客，造成一魚難求，價格居高不下，偶有不肖魚販以其他品種魚目混珠趁機大賺一筆，非常可惡。銀鯧富含蛋白質、多種營養素及不飽和脂肪酸，對身體補充精力、延緩衰老、預防癌症及心血管病、降低膽固醇等有一定功效。

福建炒麵

　　本篇炒麵雖冠以「福建」之名，真正風靡則是在新加坡，福建人製作起來可能都沒有新加坡人做得正宗。有一次看美食節目介紹到新加坡美食，其中，福建炒麵給我留下了很深的印象。在市場裡的一個角落，老闆穿著白背心搭條毛巾，在大火爐前揮動鐵鍋，手起鏟落，原料一樣一樣下鍋，甩鍋收回，重複幾次，最後加入調味料盛出，一氣呵成。看完後，也想試著做做；這炒麵，其實也是閩南人喜歡的炒麵方式，以海鮮、豆芽、麵條為基本搭配，再加入福建人喜歡的高麗菜、紅蘿蔔絲等，在本書後面的菠菜家常炒麵中也會提到。

在新加坡揚名的福建麵！

 材料：

◆ 豆芽20克　　◆ 魷魚30克　　◆ 蝦30克　　◆ 雞蛋2個
◆ 麵條300克　　◆ 香蔥適量　　◆ 醬油膏適量　　◆ 鹽適量

準備：

1.蝦去殼，開背去蝦腸。
2.魷魚洗淨，切出魷魚雕花。
3.香蔥洗淨切段。

製作過程：

① 鍋中倒入油，把雞蛋炒好後盛出備用。

② 重新倒入油，燒熱，把剝好的蝦頭先下油鍋中爆香，爆出蝦油，然後把蝦頭和一半的油盛出，鍋中只留一些爆香過蝦頭的底油。（圖1）

③ 把蝦仁和魷魚爆炒至九分熟後盛出。

④ 放入之前盛出的一半蝦油，把香蔥的蔥白部分和豆芽起放入鍋裡面炒。

⑤ 加入麵條翻炒。

⑥ 快熟時加入之前炒好的雞蛋、蝦、魷魚翻炒，再加入醬油膏，最後加入香蔥青綠的部分翻炒幾下，加入適量鹽調味即可出鍋。（圖2、圖3）

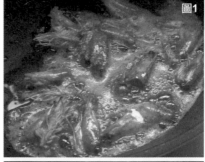
圖1

圖2

圖3

**麥小小說：**

◆ 福建炒麵要搭配福建特產的蒜蓉甜辣醬吃才更加美味，淘寶就能買得到。

◆ 如果沒有醬油膏，可以直接用醬油代替。

家常菠菜炒麵

　　我家的炒麵總是很簡單，高麗菜、紅蘿蔔、豬肉絲、蝦皮、雞蛋、香菇片，偶爾換些菜或少些菜都無所謂。反正是家常的，自己喜歡就好。這次做手工菠菜麵，就多了一點不一樣的滋味。這樣的一份炒麵，營養又健康，製作起來簡單好上手。

家庭手作的味道就是不一樣！

材料：

炒菠菜麵

- 手工菠菜麵180克
- 高麗菜180克
- 紅蘿蔔80克
- 香菇60克
- 蝦皮25克
- 雞蛋2個
- 豬肉180克

豬肉醃料

- 白胡椒1.5克
- 鹽1克
- 太白粉1克

準備：

1. 高麗菜洗淨切絲。
2. 紅蘿蔔洗淨，去皮切絲。
3. 蝦皮洗淨備用。

4. 香菇洗淨切片。
5. 2個雞蛋加2匙水打散備用。
6. 豬肉切絲，加入豬肉醃料拌勻備用。

製作過程：

❶ 鍋中倒入適量油，加入雞蛋炒熟盛出備用。

❷ 鍋中倒入適量油，倒入調好味的豬肉絲，炒至熟後盛出備用。（圖1）

❸ 倒入適量油，並加入處理好的高麗菜絲和紅蘿蔔絲炒勻。

❹ 加入香菇片和蝦皮炒勻。（圖2）

❺ 另取一個鍋子燒開水，放入菠菜麵煮熟。

❻ 菠菜麵瀝乾水放入炒鍋中，和鍋內食材翻炒均勻。（圖3）

❼ 倒入事先炒好的雞蛋和豬肉絲拌勻。

❽ 加入適量的鹽調味即可。

麥介介說：

- 手工菠菜麵的製作方法可參考本書附錄，將配方中的雞蛋重量減半，換成菠菜汁即可。
- 最適宜做為麵條染色汁的蔬菜除了常見的菠菜，還有紅蘿蔔和紫高麗菜，用這兩種蔬菜汁做出來的麵條顏色也很豔麗。
- 這道家常炒麵，你可以換成自己喜歡的各種麵條來製作。如果跟我一樣有壓麵機，那就試著體驗手工製麵的樂趣吧！

圖1

圖2

圖3

韓式泡菜炒寬麵

　　泡菜是韓國料理的靈魂，在韓國飲食中佔有重要的地位。韓國冬季寒冷、漫長，不利於果蔬的生長，所以韓國人用鹽和辣椒來醃製泡菜以備過冬，可能也是懷著這份感恩，使得韓國人對泡菜的感情深遠綿長。隨著韓國料理逐漸登上華人的餐桌，越來越多的中國人也開始喜歡上泡菜，並變著花樣品嚐它。例如這道韓式泡菜炒寬麵，濃郁醇美，微酸香辣，令人回味悠長。

韓式泡菜的新花樣！

材料：

◆ 香蔥30克　　　　　◆ 寬麵180克　　　　　◆ 蒜頭17克
◆ 五花肉120克　　　　◆ 韓式泡菜400克　　　◆ 韓國辣椒醬50克

準備：

圖1

1.韓式泡菜切成小塊備用。
2.五花肉切薄片備用。
3.蒜頭去皮，剁成蒜末備用。
4.香蔥洗淨切段備用。
5.邊炒佐料時邊煮寬麵，煮至八分熟即可。

製作過程：

❶ 鍋中倒入適量油燒熱，倒入蒜末爆香，倒入五花肉片一同翻炒至逼出豬油。

❷ 倒入切好的韓式泡菜翻炒。

圖2

❸ 將煮好的寬麵瀝乾水，倒入鍋中翻炒。（圖1）

❹ 加入韓國辣椒醬，將所有原料翻炒均勻。（圖2）

❺ 加入香蔥段翻炒均勻，即可裝盤盛出。（圖3）

麥小小說：

◆ 韓國辣椒醬和泡菜都含有鹽分，因此此份炒麵無須加額外的鹽來調味。

◆ 肉類搭配不僅可選用豬肉，牛肉或蝦類海鮮等亦可。

圖3

花生醬涼拌蕎麥麵

　　現代人精製麵條吃太多，偶爾也會想換換口味，我就覺得這種市售的蕎麥麵很不錯，吃起來有嚼勁又爽滑，製成涼麵最為美味。北方人多以芝麻醬來製作涼麵，南方人則更喜歡花生醬，甜鹹兼備的柔滑花生醬吃起來還帶有原味的堅果香。這份麵條，最美味的口感就是當花生醬與麵條沾在一起，入口交織出的濃香順滑、豐富濃郁，咀嚼一番，偶爾還有顆粒狀花生驚喜地跑出來，給味覺一個迎面衝擊。若喜歡吃辣，在涼麵中另外加入一些辣椒油也超美味喔！

換種麵條來做家庭式涼麵吧！

材料：

◆ 蕎麥麵200克　　◆ 花生醬75克　　◆ 鹽2克　　◆ 水60毫升
◆ 香油適量　　　　◆ 紅蘿蔔適量　　◆ 小黃瓜適量　◆ 花生適量

⏰ 準備：

1.花生去皮，用石臼或食物調理機做成花生粒備用。

2.紅蘿蔔洗淨去皮，切成細絲備用。

3.小黃瓜洗淨，切成細絲備用。

4.花生醬加水和鹽，調成稠狀。

🥄 製作過程：

1 將蕎麥麵用水煮熟，瀝乾水撈出，加入適量香油拌勻防沾黏，置於一旁放涼。（圖1）

2 將放涼的蕎麥麵鋪上紅蘿蔔絲、小黃瓜絲和拌好的花生醬，撒上適量花生碎粒點綴。（圖2）

3 將所有食材跟麵條拌勻即可享用。（圖3）

🍜 凌小小說：

◆ 花生醬加水攪拌要分多次，一次將水全部加下去將很難拌開，所以少量多次是關鍵。

◆ 紅蘿蔔、小黃瓜、花生米的量無法給出確切重量，請根據各人喜好多加或少加喔！

圖1

圖2

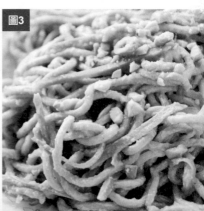

圖3

黑胡椒醬油炒麵

　　麵條的種類真多，有手工麵、義大利斜管麵、義大利蝴蝶麵、義大利圓細麵、烏龍麵、蕎麥麵，還有本篇的日式拉麵。世界各地的麵條種類各不相同，都各有其特色，哪些時候可以把這些麵條都吃個遍呢？這真是個美好的願望。用日式拉麵來做濕炒麵，加入醬油翻炒，再用黑胡椒調味，麵條濕潤入味，是一種不錯的新式味覺體驗。

日式拉麵炒出新滋味！

材料：

炒麵

◆ 四季豆150克　　◆ 紅辣椒20克　　◆ 豬肉160克　　◆ 日式拉麵200克
◆ 蒜頭15克　　　◆ 生抽醬油22克　◆ 黑胡椒適量　　◆ 鹽適量

豬肉醃料

◆ 鹽1克　　　　◆ 黑胡椒1克　　◆ 糖3克　　　◆ 太白粉3克

準備：

1. 豬肉洗淨切絲，加入豬肉醃料抓勻醃製2小時入味。
2. 四季豆去除兩邊的絲，切成斜長條備用。
3. 蒜頭去皮，剁成蒜末備用。
4. 紅辣椒洗淨切對半，去中間籽，切成斜長條備用。

圖1

製作過程：

❶ 鍋中倒入適量油燒熱，倒入豬肉絲炒至變色後盛出。

❷ 用鍋中剩下的油，倒入蒜末爆香，並倒入四季豆翻炒均勻。（圖1）

❸ 鍋中倒入適量水，跟四季豆絲一起煮滾，將日式拉麵倒入鍋中。（圖2）

❹ 將麵條炒勻，並加入生抽醬油上色。

❺ 倒入事先炒好的豬肉絲和紅辣椒絲翻炒均勻。（圖3）

❻ 加入適量鹽調味即可。

圖2

◆ 這款麵食用的是生的日式拉麵，在煮的過程中，湯汁會受到澱粉影響而變稠，整道麵最後會呈半乾半濕的狀態，別有一番滋味。

圖3

選擇合適的醬油，
燒出令人意猶未盡的醍醐味！

醬油是中國流傳已久的液態調味品，主要由大豆、小麥、鹽所發酵釀造，色澤偏深紅褐色，滋味鮮美，香氣獨特，味道以鹹味為主。料理時添加醬油可左右菜餚的味道使其層次更豐富並引出食材原味進而促進食慾，紅燒、滷製食品時若添加醬油，可使食物上色改變菜餚色澤。醬油對食物的色、香、味有很大的影響，接下來，讓我們進一步認識醬油吧！

醬油的釀造

釀造法	醬油的介紹
純釀醬油	也就是一般我們所謂的傳統釀造，將黑豆（或黃豆）、小麥、鹽等原料，利用麴菌進行四至六個月的長時間天然發酵，將蛋白質轉換為胺基酸方能製成。此法釀造的醬油色、香、味俱佳，風味濃厚、味道甘醇，且保留了大豆較多的營養成分，還可聞到淡淡的豆香，不過，此種釀造法由於製成時間長，是以產量較少，價格相對偏高。
速釀醬油	市售常見的醬油多半為速釀醬油，也就是化學醬油，製程僅需3-7天，產量大故可將價格拉低。製作時多以鹽酸來分解黃豆中的蛋白質獲取胺基酸液，再添加一些人工產物發酵熟成、添色添味，對營養成分的破壞較大，味道也比較嗆。
混合醬油	顧名思義，此種醬油即為純釀醬油與速釀醬油依照特定比例混製而成。此種作法最主要用意是提昇醬油風味。 　　不過味道還是比不上真正的純釀醬油。以味道濃醇程度作比較：純釀醬油>混合醬油>速釀醬油。

市售常見的醬油種類

醬油種類	簡介
生抽醬油	生抽醬油是台灣人常用的醬油，將大豆加入麴菌發酵之後就是「生抽醬油」，顏色是帶潤澤感的淺紅褐色、清澈透明，吃起來味道較鹹，主要用來一般烹調時調味使用，適合炒菜、涼拌，也有人拿來當作沾醬，不過通常不會用來滷製食品，避免所滷的食物味道過鹹。
老抽醬油	老抽醬油是在生抽醬油發酵完成之後，繼續再存放2-3個月的時間，經沉澱過濾後即完成。老抽醬油顏色很深呈焦糖色並帶有光澤，顏色比生抽醬油濃厚，入口後味道鮮美微甜，常用於紅燒、醃製、滷製食品，主要幫助食物上色。
醬油膏	醬油膏相信大家都不陌生，黑白切、蘿蔔糕、小吃攤滷味經常會淋上一大匙，又香又有滋味。其為特種釀造醬油精鍊的加工成品，液體濃稠度近似蕃茄醬，味道不死鹹，入口後會回甘，風味比一般醬油更為醇厚，保存期限也長。
日式醬油	日式醬油也有人稱和風醬油或鰹魚醬油，與台灣醬油相比，顏色偏淡，味道清淡爽口略帶甜味，且因為有加糖，所以雖然含鹽較多卻不會死鹹。無論搭配生魚丼飯、烤物、炸物、生魚片、涼麵都非常速配。

醬油的正確保存

　　醬油其實是保存性極佳的調味品，只要未開封且置於陰涼處，到有效期限為止都能保有醬油的原汁原味，那麼，開封使用過的醬油又該如何保存呢？

建議大家醬油開封後應注意下列幾點：
1. 置於陰涼處，避免高溫爐火或是太陽直曬，若能低溫冷藏保溫尤佳。
2. 開封使用後，若瓶口沾附醬油，無論多寡皆應立即擦拭乾淨，避免發霉。
3. 使用完畢記得緊鎖瓶蓋，避免混合到其他物質，一方面能夠保鮮，另一方面避免香氣流失。

Part4

12個
時尚早餐主食提案

Breakfast: Fashionable

一日之計在於晨，一晨之計在於食。來一份創意早餐料理吧！保證你一整天都會精神百倍，充滿正能量。當迷迭香、菠菜、培根、照燒雞肉和麵包、司康親密接觸；當布丁與藍莓、肉桂麵包相依相偎，當三明治裡夾滿自己喜愛的食材與配料；當鬆餅也捨棄甜味，換上鹹香裝備……一家人圍成一桌，看陽光灑進來，讓早餐成為一天美好的開始吧！

黑麥核桃乳酪麵包

　　說到給麵團做造型，這款花朵形的麵包應該是最簡單的基礎級別，不僅看起來很讓人喜歡，裡面的餡料亦可千變萬化，應該是新手們最易上手的基礎麵包款，作為早餐麵包也不錯。

　　本篇選以黑麥作為麵團原料，內餡是特調乳酪核桃餡，濃郁的奶香中帶有堅果的口感。做好後送了三個給閨蜜，在打包時發現這三塊麵包分量沉甸甸，果然自己做的跟外面買的就是不一樣，很實在喔！

最基礎、最好看的花朵麵包！

 材料：

麵包原料
- ◆ 黑麥粉100克
- ◆ 高筋麵粉400克
- ◆ 雞蛋50克
- ◆ 水285毫升
- ◆ 糖50克
- ◆ 鹽6克
- ◆ 奶油45克
- ◆ 酵母5克

乳酪餡
- ◆ 奶油乳酪200克
- ◆ 糖50克
- ◆ 核桃40克

準備：

奶油乳酪放置於室溫中軟化，或以微波爐小火轉1分鐘，再用手動攪拌器加入糖一同攪拌均勻，最後倒入掰成小塊的烤香核桃拌勻，乳酪核桃餡完成，可放置一旁備用。

製作過程：

1 將麵包原料中除了奶油外的所有原料倒在一起拌勻成團，反覆揉面至能拉出一層堅韌的薄膜。

2 將奶油加入麵團中，攪打麵團至奶油與麵團融合一體。

3 將麵團滾圓放入深盆中，表面蓋上保鮮膜放置溫暖處發酵至變成兩倍大。

4 取出麵團排氣，將麵團切割成70克／個，滾圓後醒麵15分鐘。（圖1）

5 將醒好的麵團擀開，中間包入奶酪核桃餡，收好收口，收口朝下放置。（圖2）

6 重新將麵團整成圓形，兩兩對稱地切八刀。

7 繼續發酵麵包胚，使其膨大，表面刷上蛋液，中間擺上杏仁片裝飾。（圖3）

8 預熱烤箱至180度C，放置於烤箱中層烘烤17分鐘即可。

 **凌子小說：**

◆核桃一定要事先烤出香味後才可使用，方法是：烤箱調至180度C，烘烤大約5分鐘即可。

圖1

圖2

圖3

培根香蔥肉鬆包

我家有個挑嘴的爸爸，只愛蛋糕不愛麵包，不過，加肉的鹹麵包倒是例外。例如這款培根香蔥肉鬆包，口感層次豐富，用料十足，既能飽腹又兼顧美味，他能一口氣吃掉三個。這種麵包體的製作方法能使麵包長時間保持鬆軟濕潤，即便放置兩三天，再重回烤箱烤熱後仍能鬆軟如初，很推薦給大家使用。

長時間保持鬆軟濕潤的秘訣！

材料：

麵團主體

◆ 水150毫升　　◆ 酵母1克　　◆ 高筋麵粉150克

培根香蔥肉鬆包

◆ 麵團300克　　◆ 水135毫升　　◆ 酵母4克　　◆ 高筋麵粉250克
◆ 糖40克　　　　◆ 奶油45克　　◆ 培根100克　◆ 低筋麵粉100克
◆ 香蔥30克　　　◆ 雞蛋50克　　◆ 鹽7克　　　◆ 肉鬆、沙拉醬各適量

準備：

1. 培根切小塊，入油鍋炒香後盛出備用。
2. 蔥洗淨切成蔥末備用。
3. 將麵團所有原料倒在盆中一起拌勻，表面蓋上保鮮膜，放入冰箱冷藏16小時。

製作過程：

❶ 將除了培根塊、蔥末、奶油、肉鬆和沙拉醬外的所有原料均倒入大盆中，將麵團攪拌至表面光滑。（圖1）

❷ 加入奶油，用攪拌機開慢速讓奶油完全融入麵團中，再開高速打出麵團的彈性，取小塊麵團檢視，能輕鬆拉出一層透明的薄膜即可。

❸ 將事先準備好的培根塊瀝乾油份，和蔥末一起加入麵團中，慢速攪拌進麵團裡，使其分佈均勻。

❹ 將麵團滾圓，放入深盆中，表面蓋濕布或保鮮膜，放置於溫暖處發酵至變成兩倍大。

❺ 取出麵團排氣，分割出50克／個的麵團16個，放入烤盤中。（圖2）

❻ 讓麵包進行二次發酵，直到麵團再膨大至兩倍左右。（圖3）

❼ 預熱烤箱至180度C，放置於中下層烘烤2S分鐘即可。

❽ 將烤好的麵包放涼，表面抹上沙拉醬，沾上肉鬆就完成了。

麥小小說：

◆ 培根一定都要先煎，煎出那股燻肉香味後再拿來作為原料，生培根一般是不可以直接參與製作的。

圖1

圖2

圖3

全麥照燒雞排餐包

　　很多人都以為全麥麵粉是普通的中筋麵粉，因為很多市售中筋麵粉、饅頭粉的包裝上也都寫著全麥麵粉。不過做烘焙的人都知道，全麥麵粉是小麥粉，保有與整粒小麥相同比例的胚乳、胚皮及胚芽等成分。全麥麵粉營養非常豐富，是天然健康的營養食品。將全麥麵粉在掌心搓開，可以看到有粉碎的麩皮在裡面。烘焙簡單的全麥小餐包，再醃製照燒雞排，這樣一份元氣滿滿的早餐，就是一整天活力的來源。

全麥餐包的另類滋味！

材料：

全麥餐包

◆ 鹽7克　　◆ 全麥粉100克　　◆ 細砂糖30克　　◆ 高筋麵粉300克
◆ 酵母5克　　◆ 奶油40克　　◆ 水264毫升

照燒雞排

◆ 黑胡椒1克　◆ 蒜末15克　◆ 鹽3克　◆ 糖15克　◆ 雞腿3個
◆ 叉燒醬15克　◆ 麻油10克　◆ 米酒10克　◆ 生抽醬油15克

準備：　1.3個雞腿去骨留肉。
　　　　　2.雞腿肉加入雞腿醃料醃製6小時。

製作過程：

一、製作全麥餐包

❶ 將除了奶油外的所有原料全部混合，攪打融合成光滑的麵團。

❷ 把麵團打到出筋，加入奶油與麵團融為一體，繼續攪拌，直到麵團能拉出一層透明的薄膜。

❸ 麵團整圓後放入乾淨的盆中，蓋上保鮮膜放到溫暖處發酵（夏天室溫即可）。

❹ 發酵完成後，取出麵團排氣滾圓，並將麵團稱重，平均分割成50克／個。（圖1）

❺ 麵團滾圓後，再蓋上保鮮膜醒麵10分鐘，擀開麵團，捲成橄欖形，蓋上保鮮膜二次發酵，至麵團脹成兩倍大。（圖2）

❻ 在發酵完的小餐包上噴水，預熱烤箱至180度C，烤15分鐘。

二、製作照燒雞排

❶ 烤箱預熱至200度C，放入雞腿排烤10分鐘。

❷ 小餐包烤好後從上部剖開一刀，夾入生菜葉和烤好的照燒雞肉，擠上叉燒醬或沙拉醬，點綴些白芝麻即可。（圖3）

凌尒尒說：

◆ 家庭製作健康麵包，加點兒佐料是必不可少的。本書中有地瓜吐司、南瓜麵包、黑麥橄欖油核果麵包、馬鈴薯麵包，這些都是加了健康元素的手作麵包，與白麵包相比，這些麵包更不易使人發胖，是保持身材苗條的最佳食物。

藍莓烤吐司布丁

　　一款可以提前準備，早上起床後立即烘烤的快速早餐，就是烤吐司布丁。製作烤吐司布丁，就是在布丁液中加入吐司後烘烤而成的一款主食甜品。早晨吃上一碗，會讓人從身體內溫暖起來。烘烤吐司布丁的過程約需20分鐘，準備階段可提前至前一晚，因此一點兒也不會浪費寶貴的早晨時間。臨睡前準備好布丁液，把奶油、雞蛋、牛奶等原料事先拌好放在冰箱，吐司切丁，藍莓洗乾淨，第二天全倒在一起後放進烤箱中烘烤就行了。這樣一款可甜可鹹的超級美味，等著你開發新的吃法和搭配！

超棒的甜美早餐！

材料：

- ◆ 藍莓70克
- ◆ 吐司3片
- ◆ 鮮奶油150克
- ◆ 牛奶150克
- ◆ 細砂糖50克
- ◆ 香草莢1/2根
- ◆ 雞蛋3個（約160克）

🕐 準備：

1. 藍莓洗淨，吐司切丁備用。
2. 剖開香草莢，刮出香草籽。
3. 雞蛋加入細砂糖，與香草籽、鮮奶油、牛奶攪拌均勻，布丁液完成。將布丁液過篩兩遍，放入冰箱中冷藏備用。

🥄 製作過程：

❶ 將吐司丁、藍莓均放入耐高溫烤碗中。（圖1）

❷ 碗中放入前一晚準備好的布丁液（以淹過吐司八分滿為準），預熱烤箱至200度C，放置於烤箱中層烘烤20分鐘（圖2）

❸ 烤好後取出放涼即可食用。（圖3）

🍜 麥小小說：

◆ 香草豆莢是名貴的香料，經常應用於烘焙中，不僅可提香，還可去除蛋的腥味。若無香草豆莢，也可用香草精代替。若還是沒有，也可不加。

圖1

圖2

圖3

蘋果肉桂麵包布丁

　　吐司麵包在晚上製作好，早晨起來便可吃到新鮮麵包了。比如黑麥吐司，單吃就既鬆軟又濕潤，略帶鹹味的麵包能讓人嚐到最原始的麥香味。若覺得單吃太簡單，亦可把黑麥吐司換另一種吃法，例如用來製作三明治、厚片、麵包布丁或者烤麵包等。本篇介紹一款風味獨特、氣味芬芳濃郁的肉桂蘋果麵包布丁，肉桂和蘋果的搭配可是甜點中的經典喔！

肉桂與蘋果的驚喜搭配！

 材料：

肉桂醬

◆ 蘋果180克　　　　◆ 黑麥吐司3片　　　◆ 鮮奶油150克
◆ 牛奶150克　　　　◆ 雞蛋3個　　　　　◆ 糖35克

肉桂糖粉

◆ 肉桂粉8克　　　　◆ 糖50克

🕐 準備：

1.雞蛋加糖打散，加入牛奶、鮮奶油攪拌均勻。
2.將雞蛋布丁液過篩一遍。
3.吐司切成丁備用。
4.蘋果洗淨去皮，切成丁備用。

製作過程：

圖1

❶ 吐司丁和蘋果丁混合好，放入耐高溫的碗中。（圖1）

圖2

❷ 碗中倒入雞蛋布丁液，預熱烤箱至200度C，將麵包布丁置於烤箱中層烘烤10分鐘左右，使表面上色即可。（圖2）

❸ 烤好後取出，趁熱在麵包布丁上篩上適量肉桂即可享用。（圖3）

🍲 凌小小說：

◆ 肉桂是美國人特別喜歡的風味，微嗆，卻有著獨特的芳香。推薦大家嘗試一下，說不定你會喜歡喔！

早餐三明治

　　三明治已傳進華人世界多年，這種麵包夾肉或蔬菜的食物，從一開始被視為小資食物到現在人人都會DIY，這個進程的確有些迅速。我不但喜歡製作三明治，更沉醉於從麵包開始親自動手製作的滿足感。我的早餐三明治總是不一樣，可以利用家中的任何材料，例如煎蛋三明治、炒菇三明治、蔬菜三明治。

　　本篇是夾入肉腸的早餐三明治，主食麵包、肉腸、健康蔬菜的搭配，真是營養與美味兼備，在早晨起床後立即給困頓的胃補充美味食糧，也為一天的工作和活動帶來動力來源喔！

加入肉腸的營養三明治！

材料：

◆ 吐司2片　　　◆ 番茄適量　　　◆ 肉腸適量　　　◆ 生菜適量
◆ 雞蛋適量　　　◆ 沙拉醬適量　　◆ 起司粉適量

準備：

1. 生菜洗淨後瀝乾水備用。
2. 番茄洗淨，切片備用。
3. 雞蛋放入水中煮熟備用。

製作過程：

❶ 取1片吐司，擠上沙拉醬。（圖1）
❷ 依次放上生菜、肉腸、生菜、番茄片和雞蛋片。（圖2）
❸ 再擠上適量沙拉醬，撒上適量起司粉，蓋上另一片吐司即可。
❹ 將吐司小塊後即可食用。（圖3）

凌尒尒說：

◆ 雞蛋煮熟後要立即撈出放入涼水中，這樣剝出來的雞蛋才會光滑不黏殼喔！

◆ 我買的肉腸是即食的，一般超市可輕易購得，若你買的是生的，請煎熟後再行製作。

◆ 三明治對我來說是即興之作，所以不給出具體分量，更喜歡哪種食材就多夾些，沒有特定分量。
　此外，我在這裡只給大家提出搭配的建議，相信大家也會有更多自己的創意喔！

圖1

圖2

圖3

菠菜牛肉起司司康

　　司康是一種可以快速製作的糕點,材料為麵粉、糖、泡打粉、奶油,吃起來鬆軟可口,趁熱吃最為美味。我喜歡在早餐的時候做些司康,甜鹹皆可,一切均由當天喜好。

　　鹹味司康還可以加入一些蔬菜,像是綠花椰、南瓜、紅蘿蔔等都可以,當然也可以搭配培根、火腿等肉類,司康可以提前做好,第二天起床時放進烤箱烤熟即可,熱乎乎的一大塊司康搭配一杯咖啡,真是簡單又方便。

鹹味的快手糕點！

材料：

◆ 低筋麵粉400克　　◆ 高筋麵粉100克　　◆ 奶油120克　　◆ 雞蛋50克
◆ 牛奶220克　　　　◆ 細砂糖25克　　　◆ 鹽2.5克　　　◆ 泡打粉16克
◆ 菠菜25克　　　　　◆ 牛肉火腿100克　　◆ 起司80克　　◆ 黑胡椒粉適量

準備：

1. 菠菜洗淨，切細末備用。
2. 牛肉火腿片切細丁，用油炒熟備用。
3. 起司切細丁備用。
4. 奶油用刀切成丁。

製作過程：

圖1

① 將高筋麵粉、低筋麵粉、泡打粉、糖、
鹽混合均勻，並加入奶油丁。

② 加入雞蛋、牛奶拌至麵粉微濕。

③ 加入菠菜、牛肉火腿丁、起司丁拌勻成
麵團。（圖1）

④ 砧板上撒配方外的適量高筋麵粉防沾
黏，將麵團和食材捏成團，用擀麵棍擀
成1.5cm高的薄片。

⑤ 用圓形模具壓模，壓完一遍，再將剩下
的材料繼續捏成團，擀開，壓模，反覆
至所有原料都使用完畢。（圖2）

圖2

⑥ 司康表面刷蛋黃液，預熱烤箱至190度
C，放入烤箱中層，烘烤20分鐘即可。
（圖3）

麥尓尓說：

圖3

◆ 製作司康時，切忌不可像揉麵團般反覆揉搓，司
康若出筋，口感將不酥脆，所以只需把麵粉和液
體拌勻捏緊成麵團即可。

◆ 如需防沾黏，也可在手上抹適量高筋麵粉；但注
意，只能適量喔！

洋蔥午餐肉司康

　　這款司康並未用泡打粉，而是使用了酵母來代替。酵母和泡打粉的作用很相似，泡打粉是快速膨脹，而酵母則是靠著酵母菌的作用來達到膨脹的效果，二者都可以用來製作司康。

　　這款司康餅裡加入了黑胡椒、洋蔥，還有午餐肉（一種罐裝的醃製豬肉，類似火腿），鹹鹹的司康餅，當作早餐吃，鹹香順口又不膩，還能填飽肚子，真的不錯。

配方改良的鹹味司康！

材料：

- ◆ 高筋麵粉170克
- ◆ 低筋麵粉80克
- ◆ 洋蔥40克
- ◆ 午餐肉30克
- ◆ 酵母7克
- ◆ 水80毫升
- ◆ 糖25克
- ◆ 鹽3克
- ◆ 黑胡椒粉1克
- ◆ 奶油60克
- ◆ 雞蛋1個（要預留一點來刷司康的表皮）

準備：

1.洋蔥洗淨，去皮切丁備用。
2.午餐肉切丁備用。
3.奶油置於室溫軟化後切成小丁。

製作過程：

① 把酵母融於水中，蛋打散備用。

② 將麵粉和糖、黑胡椒粉混合均勻，將奶油丁放進麵粉裡，再用雙手把麵粉跟奶油搓揉均勻。（圖1）

③ 麵粉中加入洋蔥丁和午餐肉丁混勻，再加蛋液和酵母水，拌到光滑後捏成團（不要反覆搓揉）。（圖2）

④ 砧板上撒一層薄麵粉，將麵團擀開並用小刀切成長方形。

⑤ 蓋上保鮮膜，置於室溫發酵半小時，取出後刷上蛋液。

⑥ 預熱烤箱至180度C，放置於烤箱中層烘烤20分鐘。（圖3）

麥介介說：

◆ 如果你要趕時間或者是急性子的朋友，可以將酵母換成泡打粉8克，會發酵膨脹得比較快喔！

◆ 若不想跟我一樣做方形司康，也可以照用任合形狀的模具來製作。

圖1

圖2

圖3

巧克力大理石格子鬆餅

　　初識格子鬆餅是在美食節目中,那時介紹的是韓國咖啡館。韓國人似乎特別喜歡格子鬆餅,連大學裡的咖啡館都有。當時不知道格子鬆餅是什麼味道,只見那堆滿奶油的熱餅特別誘人。有一次在無意間,我看到店家有賣一款家用簡單的鬆餅模具,便立即入手了一個。

　　家庭版格子鬆餅的製作很簡單,只要將蛋和麵粉等常見原料攪拌在一起即可。麵糊可以在前一天晚上製作,第二天早上起床後直接倒入鬆餅機或鬆餅模具,10分鐘後即可讓家人吃到一頓美味的早餐,搭配熱乎乎的咖啡或牛奶,真是一頓飽腹的享受。

家庭版也可以跟咖啡廳一樣專業與華麗！

材料：

◆ 雞蛋150克　　◆ 細砂糖65克　　◆ 牛奶100克　　◆ 低筋麵粉160克
◆ 太白粉40克　　◆ 泡打粉6克　　◆ 可可粉8克　　◆ 水25毫升
◆ 奶油（已融化）60克，另備奶油約20克用來刷模具，以防沾黏

準備：

奶油80克，先隔熱水融化成液體奶油。其中取60克加入麵糊中，另外20克用於塗抹鬆餅模具。

製作過程：

1 雞蛋加糖打散至融化。

2 加入牛奶攪拌均勻。

3 低筋麵粉、太白粉、泡打粉混合，過篩加入步驟2中拌勻成麵糊。

4 奶油融化後放至微溫，取60克加入步驟3中。（圖1）

5 可可粉加入25毫升的水拌勻成可可糊，取120克麵糊與其攪拌均勻成為可可麵糊。

6 格子鬆餅模具刷上20克奶油液預熱，混合著加入原味麵糊和可可麵糊，直至鋪滿模具，用中火慢煎，將兩面反覆翻轉，中途可打開餅模檢視烘烤狀況。（圖2）

7 烤到鬆餅能輕鬆脫模，表面上色即可。若喜歡吃焦一點的，則可以多烤一會兒。（圖3）

圖1

圖2

圖3

 凌介介說：

◆ 鬆餅模具買來後要先清洗，擦乾水分後抹上融化的奶油，再用紙巾擦去，無須再清洗，保留薄薄的一層奶油在模具上，可以保養模具。

◆ 網路上的鬆餅機種類和款式都很多，有直接插電的，也有放瓦斯爐上烤的，大家可以根據自己的喜好和需要購買。

黃金培根格子鬆餅

　　擠上美味的鮮奶油，擺上漂亮的各式水果，淋上豐富糖漿的甜味格子鬆餅真是好吃，下午茶時來一份，好多女生一定會當場尖叫。好吃的格子鬆餅只能當下午茶嗎？其實不然，當作早餐同樣精彩。將下午茶常見的點心改頭換面，製作成一款鹹味的鬆餅，用黃金起司粉調味，加入香蔥和培根，一款熱乎乎的自製鹹味格子鬆餅瞬間就豐富了你的早餐餐桌。

為早餐特製的鹹味鬆餅！

材料：

- ◆ 雞蛋3個
- ◆ 牛奶100克
- ◆ 奶油60克
- ◆ 細砂糖30克
- ◆ 鹽4克
- ◆ 低筋麵粉160克
- ◆ 太白粉25克
- ◆ 黃金起司粉15克
- ◆ 泡打粉6克
- ◆ 培根50克
- ◆ 海苔粉1克
- ◆ 巴西里香草1克

準備：

1.奶油隔熱水融化成液態。

2.培根切成小丁炒香，瀝乾油分備用。

製作過程：

❶ 雞蛋加入細砂糖和鹽攪拌均勻。

❷ 加入牛奶攪拌均勻。

❸ 把低筋麵粉、太白粉、黃金起司粉、泡打粉混合在一起，過篩到牛奶蛋液中，攪拌至均勻無顆粒。（圖1）

❹ 加入融化的奶油，攪拌至融合滑順。

❺ 加入培根丁、海苔粉、巴西里香草一起拌勻，麵糊完成。（圖2）

❻ 鬆餅模具刷上奶油預熟，倒入麵糊鋪滿模具，用中火慢煎，兩面反覆翻轉，中途可打開模具檢視烘烤狀況。（圖3）

❼ 烤至格子鬆餅能輕鬆脫模，表面上色即可。若喜歡吃焦一點的，烤的時間可以拉長。

凌尒尒說：

◆ 若沒有配方裡的太白粉，也可用低筋麵粉代替。

◆ 若沒有海苔粉或者巴西里香草，也可以用香蔥切末來代替，一切盡在自己的 DIY 樂趣中。

圖1

圖3

黑胡椒雞肉厚片吐司

　　一塊麵團可以有百種花樣，吐司當然也是如此。提前一天將雞腿剝出完整的雞腿肉，醃好烤好準備好，第二天切片後跟蔬菜和醬料一起鋪在厚片吐司上，再蓋上起司焗烤，這樣豐富的厚片吐司就是一份有肉、有菜、有碳水化合物的豐盛早餐。整個製作過程僅需十幾分鐘，不會佔用你太多寶貴的早晨時間。愛孩子、愛家人的主婦們可以學起來喔！

厚片風味遠比你想像的豐富！

材料：

原料

◆ 厚片吐司1塊　　◆ 雞腿2個　　◆ 生菜適量　　◆ 番茄醬適量
◆ 黑胡椒粒適量　◆ 沙拉醬適量　◆ 起司適量

雞肉醃料

◆ 黑胡椒粒1克　◆ 鹽1克　◆ 糖3克　◆ 生抽醬油5克　◆ 蒜頭7克

準備：

1. 雞腿去骨留肉，剝出雞腿肉排。
2. 蒜頭去皮，剁成蒜末。
3. 雞腿肉加入所有雞肉醃料拌勻，醃製2小時備用。
4. 起司切成片或者刨成絲備用。
5. 生菜切成細絲備用。

圖1

製作過程：

❶ 黑胡椒雞腿肉放入200度C的烤箱烤20分鐘，10分鐘翻面一次，烤熟後切成小塊。

❷ 厚片吐司擠上番茄醬。（圖1）

❸ 擺上生菜絲，擠上沙拉醬，撒適量黑胡椒，擺上烤好的雞肉塊。（圖2）

❹ 雞肉上撒上起司絲或放上起司片。

❺ 預熱烤箱至200度C，放入烤箱烘烤13分鐘。

❻ 出爐後可擠上番茄醬，撒上適量起司粉或香料裝飾。（圖3）

圖2

圖3

麥尔尔說：

◆ 黑胡椒雞肉若不用烤箱烤，用煎鍋煎熟也可以。
◆ 雞肉、生菜、沙拉醬、番茄醬、黑胡椒粒、起司等材料均可按自己的喜好來增減喔！

香菇蛋餅厚片吐司

　　麵包的種類繁多，如何能在一款白麵包的基礎上吃出花樣，這就需要用點創意囉！取一條吐司切成2cm厚的厚片，覆蓋上自己喜歡的食材，再加以加工烘烤，就可以成為一道全新且美味的餐點。例如本篇的香菇蛋餅厚片吐司，將雞蛋與香菇煎成蛋餅，擺放於厚片上，加上豐富的醬料，再讓起司融化於麵包上，一款新鮮且鹹香不膩的香菇蛋餅厚片吐司就完成了。要如何烤出你自己的厚片口味，取決於你如何開發喔！

超級DIY厚吐司

 材料：

◆ 雞蛋4個　　　◆ 香菇5朵　　　◆ 鹽1克　　　◆ 小番茄4個
◆ 厚片吐司1片　◆ 沙拉醬適量　◆ 番茄醬適量　◆ 黑胡椒粒適量
◆ 起司適量

🕐 **準備：**

1.起司切成片。　　　　　　　3.小番茄切片後備用。
2.香菇洗淨，切成片備用。

🥄 **製作過程：**

1 香菇片加入雞蛋中，用鹽調味後打散。

2 煎鍋中倒入適量油燒熱，將香菇雞蛋液倒入鍋中，煎成蛋餅後盛出備用。（圖1）

3 將厚片吐司擠上番茄醬，擺上香菇蛋餅，並擠上沙拉醬。（圖2）

4 擺上起司片，小番茄片擺在起司片上。（圖3）

5 預熱烤箱至200度C，放入烤箱烘烤13～15分鐘即可。

6 出爐後，撒上適量起司粉與香料裝飾。

圖3

圖2

麥小小說：

◆ 香菇可換成其他菇類或蔬菜，做出自己喜歡的風味厚片。
◆ 麵包可以自己製作，也可選擇麵包店裡賣的現成吐司，但要記得選擇「厚片吐司」喔！

各式烘焙常用材料，
工欲善其事，必先利其器！

　　時至今日，已越來越多人喜歡自己在家動手作烘焙，有的人是出於愛好，有的人是為了家人身體健康。不過，喜歡烘焙的人並不見得喜歡做菜，只因單純享受做烘焙時烤箱所散發出香噴噴、甜蜜蜜的氣味，覺得幸福而美好，而不愛料理時產生的油煙弄得全身油膩膩臭烘烘。很多新手常問：想在家裡烤土司麵包，需要多大的烤箱才夠用？還要配置哪些工具？接下來讓我們看一下一般家庭烘焙時可能會用到的材料及工具。

常見材料1【麵粉】

1. 高筋麵粉

　　高筋麵粉是指麵粉的蛋白質含量平均為13.5%，蛋白質含量高，因此筋度強。這裡需要提醒的是，各個品牌麵粉的吸水性不同，即使是同樣的麵包配方，同樣寫用高筋麵粉，但是由於使用的麵包粉品牌不同，製作時麵團有可能會出現偏軟或偏硬的情況。高筋麵粉取得方便操作容易，從一般超市、烘焙材料行即可購得，若在製作過程中發現麵團太軟或太硬，可以適當增減水量或粉量來做微調。

2. 中筋麵粉

　　中筋麵粉的蛋白質含量平均為11%左右。它是常用來製作饅頭、餃子的麵粉。此款麵粉筋度介於高筋麵粉和低筋麵粉之間，若要自製手工披薩可用此種麵粉製作基底。它亦可用來製作麵包，由於筋度較低，因此麵包口感會比由高筋麵粉製作的麵包更軟。

3. 低筋麵粉

　　低筋麵粉的蛋白質含量平均為8.5%左右，因此筋度弱，常用來製作口感柔軟、組織疏鬆的蛋糕、餅乾等。

4. 小麥胚芽

　　小麥胚芽又稱麥芽粉、胚芽，金黃色顆粒狀，約占整個麥粒的2.5%，含豐富的維生素E、B1及蛋白質，是小麥中營養價值最高的部分。加入烘焙配方中不僅能增加食物的營養價值，還能增加風味。

5. 全麥粉

全麥粉指的是「全麥麵粉」，是由麥殼連著胚芽內胚乳碾磨而成的一種帶麩質麵粉。在烘焙中，這種帶有麩質的麵粉一般被用於製作全麥麵包，可增加麵包的口感及風味。由於含小麥營養最精華的胚芽成分，因此必須低溫保存，方能保持不變質，建議開封後於3個月內用完。

6. 黑麥粉

黑麥粉由黑麥磨製而成。除小麥外，黑麥是唯一適合做麵包的穀類，但因其缺乏彈性，常與小麥粉混合使用。黑麥粉通常被用於製作歐式麵包。製作麵包時加入黑麥粉，可使麵包的營養升級。

常見材料2【糖】

1. 白砂糖

現在的白砂糖多從甘蔗或甜菜中提取，顆粒比較粗。

2. 精製白砂糖

市售白砂糖會根據顆粒大小和精煉程度的不同而標明，其中還有一種名為「精製白砂糖」，顆粒比普通白砂糖更加細小。烘焙時最常被拿來使用，因為人們認為用這種砂糖製作出來的甜品或麵包成品效果較好。

3. 糖粉

有些人喜歡用細如粉狀的砂糖來烘焙，能使成品的組織更加細緻。這種加工過的砂糖成本較高，烘焙專門店一般都有出售。不過作者建議，如果家中有食物調理機，完全可以自己使用研磨杯來把糖磨成細糖粉。糖粉在麵糊攪拌時較易融解均勻，並能吸附較多油脂，乳化作用好，用於打發蛋白、打發奶油時最好用。每次烘焙前先稱出所需分量，用研磨機現磨現用。不建議一次磨很多，因為糖粉組織細，更易吸潮結塊，不宜久存。

還有一種糖粉是經過特殊加工處理的，市場上稱為「裝飾用糖粉」，該糖粉不易吸潮，常被用作蛋糕表面裝飾。

常見材料3【輔助烘焙粉】

1. 泡打粉

　　泡打粉是一種膨脹劑，又稱為發泡粉和發酵粉，在烘焙裡主要用作蛋糕的膨脹劑來使用。泡打粉除了可用於做蛋糕、餅乾外，還可用於做一些中式麵食。泡打粉是由蘇打粉配合其他酸性材料，並以玉米澱粉為基底的白色粉末。泡打粉在接觸到水時，同時溶於水中的酸性、鹼性粉末會起反應，有一部分會釋出二氧化碳，在烘倍加熱的過程中，也會不斷釋放出更多氣體，這些氣體能使食物達到膨脹及鬆軟的效果。

2. 酵母

　　西式麵包、中式饅頭包子等，均會使用酵母作為膨脹劑。發酵是指酵母與糖作用，產生二氧化碳和酒精的過程。在烘焙中，酒精受熱蒸發，二氧化碳則會膨脹，進而起到增大產品體積的效果。而麵團中的糖一般有兩個來源，一個是麵粉中的酶轉化而來的，也就是澱粉中的麥芽糖。另一個是製作者加入配方裡的糖，糖能幫助酵母產生活性，有助於麵團發酵地更好。

　　如今市售的酵母有很多種，本書中使用的都是快速酵母。除此之外，還有普通快速乾酵母（一般用於製作普通的饅頭）、乾酵母、鮮酵母，以及自行培育的天然酵種等。

3. 蘇打粉

　　蘇打粉學名為碳酸氫鈉，俗稱小蘇打，遇水和酸能釋放出二氧化碳，從而使製作的食物膨大。在此需要注意，含有蘇打粉的麵糊，製作完成後最好立即進入烘焙程序，否則放置時間久了，蘇打粉的效果就不能發揮得很顯著，達不到預期效果。蘇打粉還能中和一些酸性物質，例如配方裡若有酸奶、果汁、蜂蜜等原料，則可以加些小蘇打來中和酸度。

常見材料4【烘焙常用奶製品】

1. 奶粉

奶粉是將牛奶除去水分後製成的粉末，添加在麵包或者餅乾蛋糕中，能起到增加風味的作用。

2. 牛奶

牛奶是母牛的乳汁，在烘焙中的運用很廣泛，可代替一部分水來增加產品的風味，是不可缺少的烘熔原料之一。

3. 優格／優酪乳

優格／優酪乳是以新鮮的牛奶為原料，經過殺菌後再向牛奶中添加特定菌種，經發酵後再冷卻包裝的一種奶製品。將其運用於烘焙中，不僅能增加食物風味，若運用在麵包製作中，還能作為天然的「麵包改良劑」使用，製作出的麵包不僅口感鬆軟，而且就算多放置幾日也一樣可以保持濕軟度。

4. 鮮奶油

鮮奶油的英文名為whipping cream，油脂含量通常為35%左右，易於攪拌、稠化，口感綿密滑順，常用來做蛋糕裝飾，也可用於麵包和夾餡的製作中，是烘焙中常用的原料之一。

5. 奶油奶酪（奶酪）

奶油奶酪的英文名為cream cheese，是一種未成熟的全脂奶酪，色澤潔白，質地細膩，口感微酸。奶油奶酪質地柔軟，未經熟化，脂肪含量在35%左右，主要被運用於奶酪蛋糕的製作中，亦可作為其他食品的原料，例如乳酪塔、乳酪餅乾等。

6. 奶油

奶油由牛奶加工而成，它是將新鮮牛奶攪拌之後，將上層的濃稠狀物體濾去部分水分之後的產物。

新鮮的奶油含有大約80%的脂肪，15%的水和5%的牛奶固體。常見的奶油有含鹽和不含鹽兩種，烘焙中最常使用的是無鹽奶油。如果使用有鹽奶油，則配方中的鹽量要相對地減少。

常見材料5【粉類原料&巧克力】

1. 可可粉

　　將可可樹果實裡取出的可可豆，經發酵、去皮、脫脂、碾碎等工序得到的粉狀物，便是可可粉。在烘焙中使用可可粉，能使食物帶有一股巧克力的香味，因此它常常被用來製作巧克力蛋糕、巧克力麵包、巧克力餅乾等。

2. 抹茶粉

　　抹茶粉是以綠茶為主要原料，用細粉機碾磨而成的茶葉細粉。在烘焙中，使用抹茶粉能使食物帶有一股茶品的清香，顏色青翠艷麗。

3. 起司粉

　　起司粉是近年開始流行的烘焙輔助原料之一，由百分之百的純乳酪經過特殊工藝的高度純煉、濃縮後製成，不加任何添加劑，帶有微微的鹹度，其色澤金黃，香味濃郁，常被用於麵包、蛋糕、餅乾等糕點的製作中，增加食物的風味。

4. 海苔粉

　　海苔粉由天然海苔經過烘乾，研磨加工而成，味道微鹹，聞起來有海的味道，使用在烘焙中能增加食物的風味。

5. 巧克力磚

　　大塊的巧克力磚常用來刨成巧克力絲，既可裝飾蛋糕，亦可作為烘焙原料。

6. 巧克力豆

　　把巧克力製作成顆粒較小的巧克力豆，在製作時常被作為烘焙的輔助原料加入蛋糕、麵包、餅乾中。

7. 巧克力幣

　　各個品牌推出的巧克力幣形狀各有不同，有些做得較大，有些做得較小，這樣的巧克力在烘焙過程中，主要是用來隔水加熱融化成巧克力漿，用來裹餅乾，或者淋在蛋糕表面作為裝飾。

　　巧克力幣的顏色不同，除了表示所含的可可脂含量不同之外，裡面的成分亦有所差異，顏色較黑的巧克力幣可可脂含量為75%，且糖的含量極少，製作成的巧克力蛋糕味道濃郁。顏色較淺的巧克力豆可可脂含量為55%，味道較前者淡，口味較甜。

常見工具1【擀麵棍＆毛刷＆刀具】

1. 普通擀麵棍
製作麵點食品都需要用到。

2. 排氣擀麵棍
性能與價錢都比一般的擀麵棍高，表面帶有白色凸起，擀麵時有助於麵團的排氣，製作麵包時常會使用到。

3. 毛刷、矽膠刷
在沾取水分、蛋液等之後，可刷於麵包、餅乾表面以幫助上色。

4. 橡皮刮刀
用於製作蛋糕時攪拌麵糊使用。

5. 刮板、切麵刀
是製作麵點時幫助和麵的輔助工具。

6. 鋸齒刀
鋸齒刀的麵猶如鋸子般，有許多細細小小的鋸齒增加切割的摩擦力，通常於切麵包及蛋糕等較為蓬鬆柔軟的食物時使用。

7. 戚風蛋糕脫模刀
戚風蛋糕脫模刀的刀身細薄柔軟，功能是讓烤好的戚風蛋糕脫離模具，若無此工具，可用較薄的小刀來代替。

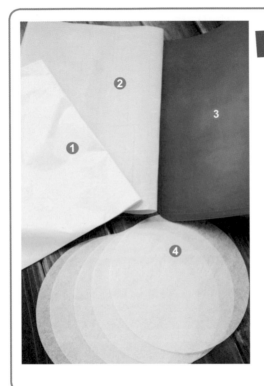

常見工具2【烤盤紙&矽膠墊】

1. 拋棄式烤盤紙

　　這種烤盤紙多用於製作蛋糕卷時使用，也可用於烤麵包、烤餅乾等，鋪在烤盤裡當墊底。方便、衛生、價格實惠，使用完即可丟棄。

2. 重複性烤盤紙

　　可反覆清洗使用，多用於烘焙麵包、餅乾時作烤盤墊底使用。

3. 矽膠墊

　　烘焙專用的矽膠墊耐高溫，可用於烤麵包、餅乾時的烤盤墊使用，也可在揉麵時作墊板使用。質地較厚實，可反覆清理，多次使用。

4. 圓形蛋糕底紙

　　一些烤盤紙生產廠家推出的新產品，方便烤蛋糕時放在圓形蛋糕模內作蛋糕底部墊紙使用，按蛋糕模型號區分大小，如六寸、八寸、十寸等。

常見工具3【各式模具&擠花嘴】

1. 吐司模

　　450克吐司模：標準吐司模，用於製作吐司麵包。

2. 磅蛋糕模

　　製作磅蛋糕（又稱為奶油蛋糕）時使用，亦可作為麵包模烘焙麵包。不過，如果買到的是內部會沾黏的模具，請先在磅蛋糕模內薄薄地抹一層奶油後再製作麵包。

3. 杯子蛋糕紙模

　　製作杯子蛋糕時將使用這種模具。有的杯子蛋糕紙模較薄，需要套上蛋糕模再使用，質地較厚的則不用。

4. 麵包紙模

　　製作麵包時，把整理好形狀的麵胚放在麵包紙模中烘焙，方便製作及整理。

5. 塑膠慕斯杯

　　慕斯（mousse）是一種奶凍式的甜品，質地比布丁更為柔軟，輕盈綿密、入口即化、味道芳醇迷人，常見於蛋糕夾層當夾心餡料，也可以單吃，單吃的慕斯杯就是以塑膠慕斯杯盛放冷藏保存。

6. 餅乾模

　　餅乾模為餅乾切割出相應形狀，使製作出來的餅乾更加精美，餅乾模有許多形狀，譬如星星狀、愛心狀、熊熊狀等，媽媽們假日時不妨帶著小朋友一起做餅乾，享受親密的親子時光。

7. 擠花嘴＆擠花袋

　　擠花嘴有很多不同的形狀，奶油打發後用放入擠花嘴，就可以擠出不同的漂亮形狀，同時也可用於小餅乾的製作。擠花袋配合擠花嘴使用，用於盛裝打發的鮮奶抽或各式餅乾麵糊等。

\Part5/
10道
巧思麵食的美味祕密

Dumplings: the Secret of Fancy Food

麵食能讓人產生滿滿的幸福感。像包子平凡的外表下就包著
許多幸福的滋味,無論是柳松菇、梅干菜筍絲,還是「鍍了
金」的水煎包;一口咬下去,口齒留香。餃子也有新吃法,
韭菜餃子是經典的菜式,傳統之外也可以創造新驚喜,讓沙
茶牛肉的重口味搖滾你的味蕾,而玉米雞肉煎餃的清甜則像
午後小夜曲一般沁人心脾,另外,自製煎餅也是一種很不錯
的嘗試喔!

柳松菇醬香肉包

　　開鍋，麵香就撲鼻而來，小巧的包子一個個擺在蒸鍋中，趁熱取出一口咬下，有肉汁滴出。再一口，香辣可口。肉香、柳松菇的菌香、黑胡椒香、醬香，合四為一，立刻喚醒你沉睡的味覺，讓你精神滿滿，渾身有勁。這個新式重口味系的小包子，就是黑胡椒柳松菇醬香肉包。注意，此「醬」就是醬油。肉餡內加入兩大匙老抽醬油，不僅能給肉餡增色，還能給肉餡加味。有著暗色調內餡的肉包子，看起來也會讓人更有食欲。

新款重口味系肉包！

材料：

肉餡

◆ 柳松菇250克　◆ 豬肉350克　◆ 老抽醬油25克　◆ 細砂糖15克
◆ 黑胡椒粉5克　◆ 鹽適量

麵皮

◆ 中筋麵粉300克　◆ 細砂糖15克　◆ 酵母3克　◆ 水160毫升

準備：

1. 柳松菇洗淨過熱水，瀝乾後切成小丁狀。

2. 豬肉剁成肉末，或者用機器絞成泥，加入柳松菇和調味料，按順時針方向攪拌，直到變成肉泥即可。

製作過程：

❶ 將所有麵皮原料混在一起，揉到麵團表面光滑。

❷ 放在深盆裡發酵，直到麵團變成原來的兩倍大。（圖1）

❸ 取出麵團排氣，在砧板上撒些中筋麵粉防沾黏。

❹ 將麵團搓成長條形，平均切割成約20份。

❺ 砧板上再撒適量麵粉，把麵皮擀成中間厚、外圍薄的圓形。

❻ 包入事先準備好的肉餡，折好折口。（圖2）

❼ 包子底部鋪上烤盤紙或蒸布，在蒸籠裡排開，最好有一定的間隔。（圖3）

❽ 靜置醒麵至包子明顯膨發，加入冷水，先開大火，水開後轉中小火蒸15分鐘。

❾ 蒸好包子後關火，不要馬上開蓋，再用蒸氣悶3分鐘後才開蓋。

湊介介說：

◆ 製作餡料的肉最好帶些肥肉，比例以三肥七瘦為最佳，這樣的肉餡吃起來比較不柴。

圖1

圖2

圖3

雙菇大肉包

　　我是菌菇愛好者，我認為菌菇無論煲湯、炒菜，就連做包子、包餃子或做肉醬都十分美味。我自己家中常備的菌菇有柳松菇、草菇、金針菇、袖珍菇、蘑菇、香菇、杏鮑菇、猴頭菇等。

　　本篇雙菇肉包，是取柳松菇和杏鮑菇作為主要原料，加入適量蠔油提鮮，肉餡扎實美味，杏鮑菇質感強韌且耐嚼，柳松菇則脆爽可口，兩種不同口感的菌菇相搭配，給包子帶來不一樣的味覺體驗。

雙菇碰撞出最佳好味道！

材料：

麵皮

◆ 中筋麵粉300克　　◆ 細砂糖15克　　◆ 酵母3克　　◆ 水160毫升

肉餡

◆ 豬肉400克　　◆ 柳松菇120克　　◆ 杏鮑菇160克　　◆ 蠔油25克
◆ 老抽醬油20克　　◆ 香油10克　　◆ 雞蛋1個　　◆ 香蔥20克
◆ 黑胡椒3克　　◆ 鹽適量

準備：

1. 柳松菇、杏鮑菇洗淨，燙過熱水後切成小丁狀。
2. 香蔥洗淨切細末。
3. 豬肉剁成肉末或者用機器絞成泥，加入柳松菇丁、杏鮑菇丁、蔥末、調味料，按順時針方向攪拌，直到變成肉泥。

製作過程：

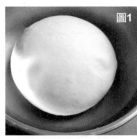

1. 將所有麵皮原料加在一起，揉到麵團表面光滑。
2. 放在深盆裡發酵，直到麵團變成原來的兩倍大。（圖1）
3. 取出麵團排氣，在砧板上撒些中筋麵粉防沾黏。
4. 麵團搓成長條形，平均切割成約8份。
5. 砧板上再撒適量麵粉，把麵皮擀成中間厚、外圍薄的圓形。

6. 包入事先準備好的肉餡，折好折口。（圖2）
7. 包子底部鋪上烤盤紙或蒸布，在蒸籠裡排開，最好留一定的間隔。（圖3）

8. 靜置醒麵至包子明顯膨發，加入冷水，先開大火，水開後轉中小火蒸15分鐘。
9. 蒸好的包子關火，但不要馬上開蓋，用蒸氣蒸3分鐘後再開蓋。

麥介介說：

◆ 用菌菇製作肉餡時一定要記得先用水燙一下，因為菌類的養殖環境一般都陰暗潮濕，易生細菌，所以不管是炒菌菇還是製作成餡，最好都先用水燙一遍。看到沸騰的水面浮起一片白沫，那便是髒物。切記將白沫撈淨，再將菌菇用涼開水洗過一遍後再進行下一個步驟喔！

梅干菜筍絲包

中國也有泡菜，而且歷史悠久，口味豐富，舉凡榨菜、梅干菜、筍子、芥菜、金針菇、酸菜、蘿蔔乾、黃瓜等等，什麼都能拿來醃製，而且不僅僅是辣味，還有甜的、酸的、辣的，各種風味均有，是不是比韓國泡菜還有魅力？像是梅干菜筍絲的味道就很棒，不妨用它來做包子試試看吧！

中國式泡菜帶來的驚喜！

材料：

麵皮

◆ 中筋麵粉300克　　◆ 細砂糖15克　　◆ 酵母3克　　◆ 水160毫升

餡料

◆ 梅干菜筍絲240克　　◆ 豬肉（三肥七瘦）400克　　◆ 老抽醬油10克
◆ 雞蛋1個　　◆ 香油15克　　◆ 鹽3克　　◆ 黑胡椒粉2克

準備：

豬肉絞成肉末，加入餡料中的所有調味料和梅干菜筍絲，朝同一
個方向攪拌至變成肉泥，放好備用。

製作過程：

❶ 將麵團原料全加到一起，直到將其
揉成光滑的麵團。

❷ 放到深盆裡發酵至原來的兩倍大左
右（發酵過程可用來製作餡料）。

❸ 麵團發酵完成後取出排氣，平均切
成8份。（圖1）

❹ 小麵團壓扁，擀成中間厚、兩邊薄的
麵片，再裝入適量肉餡，收好折口即

可。（圖2）

❺ 蒸籠中刷上食用油，包子排入其中，
醒麵半小時。（圖3）

❻ 加入冷水，大火燒至水開後轉中小
火蒸15分鐘即可。

❼ 蒸製完成後不要立即開蓋，用蒸氣
悶3分鐘後再開蓋將包子取出。

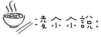
凌介介說：

◆以前蒸包子饅頭，我一定會墊上蒸布或者像餐館裡一樣墊上烤盤紙，但是後來我發現了一個祕
密，能使蒸出的包子底部完整又美麗，那就是：在蒸籠內部刷一層食用油，把包好的包子或饅頭
直接擺上，接著開火蒸便可以了，蒸好後可以完整地把蒸物取出，不會破壞外型，簡單又方便。

圖1

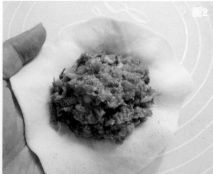
圖2

圖3

水煎包

包好的小包子和餃子，有時我會想把它們煎得底部香脆後再吃，你呢？看你是喜歡沾些醋，還是辣椒油、甜辣醬，抑或是烤肉醬、黑胡椒醬、排骨醬、叉燒醬等等，你喜歡吃什麼樣的口味？喜歡什麼樣的醬？煎包或者煎餃均適宜，想想都會讓人垂涎欲滴。

美味肉包的二次利用！

材料：

包子皮

◆ 中筋麵粉300克　◆ 酵母3克　　　◆ 水150毫升

餡料

◆ 豬絞肉（三肥七瘦）350克　◆ 蝦仁80克　◆ 韭菜130克　◆ 紅蘿蔔80克
◆ 老抽醬油12克　　　　　　◆ 香油12克　◆ 鹽4克　　◆ 黑胡椒3克

準備：

1.韭菜洗淨切成末。

2.紅蘿蔔洗淨去皮刨成絲。

3.豬肉剁成肉末。

4.所有餡料混合，加入老抽醬油、鹽、黑胡椒等調味，用手
　抓勻即可。

製作過程：

❶ 將包子皮原料加在一起，揉到麵團表面光滑。

❷ 將麵團放在深盆發酵，直到麵團變成原來的兩倍大。

❸ 取出麵團排氣，在砧板上撒適量中筋麵粉防沾黏。

❹ 把麵團搓成長條形，平均切割（大小隨個人喜歡）。

❺ 砧板上再撒適量麵粉，把麵皮都擀開成中間厚、外
　圍薄的圓形。

❻ 包入事先準備好的肉餡，收好折口。（圖1）

圖1

❼ 包子放一邊醒麵30分鐘，平底鍋倒入油，將包子整齊
　排入，開中火煎出水煎包底部金黃色的皮。（圖2）

圖2

❽ 將8克的麵粉加200毫升的水調成麵粉水，慢慢倒入
　煎鍋中，蓋上鍋蓋，以中火慢慢煎至水分全部蒸發
　即可。（圖3）

圖3

麥尒尒說：

◆ 加入麵粉水，是為了讓煎好的水煎包底部有漂亮的皮。

◆ 生包子一定要加入水半煎半悶才會熟。如果單純只是煎，就要先把包子蒸熟以後再煎出底皮。

韭菜餃子

自從會包餃子後,我就愛做各種口味的餃子。和外面賣的一般款不同,我比較喜歡嘗試怪異的創新版。不過,做過這麼多創新版餃子後,內心深處最懷念的味道,還是韭菜餡的餃子,那種特殊的香氣就是讓人牽掛。韭菜餃子的主原料就是韭菜和豬肉,搭配的調味料有薑絲、醬油、香油、鹽、雞蛋,絕對是人人吃過的經典款。再加上家用的好麵粉,筋道Q彈,煮出來的餃子不容易破皮,賣相也美觀,吃起來還比外面買的健康又讓人放心。

最經典的好味道！

材料：

餃子餡

- ◆ 豬絞肉400克
- ◆ 韭菜140克
- ◆ 雞蛋1個
- ◆ 薑末15克
- ◆ 老抽醬油15克
- ◆ 香油20克
- ◆ 鹽適量

餃子皮

- ◆ 水160毫升
- ◆ 中筋麵粉300克

準備：

將韭菜洗淨後切成粗末，加入餃子餡所需的其餘所有原料，往同一個方向攪拌，直至攪拌成肉泥狀，餃子餡完成。

製作過程：

1. 麵粉、水、鹽混合，用筷子攪拌均勻。
2. 把餃子皮原料揉成光滑的麵團。（圖1）
3. 麵團完成後，表面蓋上濕布醒麵半小時。
4. 麵團切成平均的兩半（為了方便搓成長條狀），搓成長條，切成塊狀。
5. 砧板上撒上乾麵粉，如麵團塊壓扁，用擀麵棍將其擀成圓形麵皮。
6. 取餡料包入麵皮中，對半折起並包出餃子的皺褶。（圖2）
7. 燒一鍋開水，水開後下餃子，把水煮開後，加入小部分冷水，第二次沸騰後再加一次；直到水第三次沸騰，並且餃子浮起，就是煮熟了。（圖3）

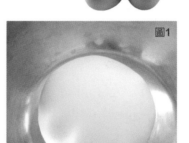

圖1

圖3

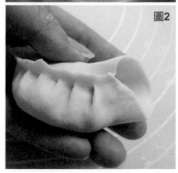

圖2

麥小小說：

◆ 韭菜餃子怎麼樣都好吃，所以除了搭配做肉餡，也可以做成雞蛋餡，再加入一些蝦皮增加鮮味，或是做成素的韭菜餃子也非常好吃。

辛香料共和國，
小小配角、大大功臣！

　　西方國家多以香草植物入菜，讓料理味道更豐富、味道更有層次，東方國家亦有各式各樣的辛香配料搭配料理，它們的角色就如同電影當中的最佳配角，少了它們雖然不至於影響整個劇情脈落，卻可能會覺得劇情不夠生動有變化，辛香料也是一樣的概念，用它們來幫你精心製作的菜餚加分吧！

蔥

　　蔥在東亞國家使用量極大，是一種非常普遍的辛香料調味品，常見的蔥又可分為大蔥、小蔥（香蔥）兩種。蔥白呈白色圓筒狀，飽含汁液，辣味淡；蔥葉則為清脆的綠色，又稱蔥綠，中間為空心，脆弱易折。蔥用途廣泛，不僅可以當辛香料提味，還能爆香去腥、殺菌預防感冒。生蔥味道較嗆、口感爽脆，一般加在熱湯或湯麵當中的蔥花，就是以生蔥為主；煮熟的蔥嗆味消除味道濃郁清香，蔥花炒蛋就是一道代表作。

薑

　　自古以來，薑在我們的生活中佔有一席重要之位，不僅是食材的調味品，還可以強身健體，被中醫視為醫食同源的保健品，具有祛風寒、暖胃、加速血液循環等多種功效，淋雨受寒時來杯熱熱的薑茶，暖身又可預防感冒；薑母鴨也是冷颼颼的冬天熱門的養生食補。除了食用，用薑汁洗頭可養髮、泡澡則可以促進血液循環加速排汗，同時收排毒、美容、消腫之效，好處多多。

洋蔥

　　想到洋蔥，彷彿口中都瀰漫著那股可怕的難聞氣味，尤其是生食時，辛辣氣味更濃重。不過，洋蔥不僅可以預防骨質疏鬆、抗衰老，還可以降血壓、降膽固醇、促進脂肪代謝，對人體極有助益。切洋蔥時，常常都會眼淚鼻涕直流，十分難受，其實只要將其泡在冷水中切，或是先冷凍一陣子再切，就能輕鬆不流淚，有機會不妨試試。

香菜

　　香菜又名芫荽、荽，屬一年生的草本植物，是大家非常熟悉的提味辛香料，其葉小幼嫩莖纖細、香氣濃郁，常作為湯品、湯麵、涼拌菜、蚵仔麵線中的提味佐料。值得注意的是，香菜上有許多肉眼看不到的寄生蟲及蟲卵，建議不要直接生食，若一定要生食維持翠綠顏色及爽脆口感，可先以流動的酸水（譬如檸檬水）清洗，即可避免蟲蟲危機。

韭菜

　　韭菜具有特殊的強烈氣味，喜歡的人覺得香氣濃厚，不喜者則覺得其臭無比。韭菜飽含蛋白質、β-胡蘿蔔素、多種礦物質及維生素，營養豐富，做成韭菜餃、韭菜盒子、川燙韭菜沾醬油、韭菜炒蛋等都非常美味。食用時有兩種人需特別注意，第一種為素食者，韭菜雖屬植物，但是自古以來即被歸類為葷食，故素食者應避食；第二種為哺乳婦女，韭菜具強烈退奶之效，若非有計劃性地退奶，不小心吃到韭菜可是會欲哭無淚。

沙茶牛肉餃

　　用牛肉餡做餃子，挑選牛肉首先就是美味的關鍵，哪個部位的牛肉最好吃呢？答案是就是牛後腿。這部位的肉，肉質細嫩，無筋，即使是全瘦肉，製成餡後還是油潤可口，不柴不澀。挑選好肉之後，接下來便是挑選搭配的口味，因為牛肉略帶腥味，通常會用洋蔥搭配。其實，除了洋蔥，用大蔥來搭配味道也一樣好，大蔥微辣的辛香味同樣能給牛肉去腥。再花點兒小心思，調些沙茶醬來搭配肉餡，一份不一樣的沙茶牛肉餃就完成囉！

擋不住的誘人美味！

材料：

餃子餡

- ◆ 牛肉350克
- ◆ 沙茶醬80克
- ◆ 大蔥155克
- ◆ 老抽醬油13克
- ◆ 香油10克
- ◆ 水30毫升
- ◆ 鹽3克
- ◆ 糖6克

餃子皮

- ◆ 水150毫升
- ◆ 鹽1克
- ◆ 中筋麵粉300克

🕐 準備：

1. 大蔥洗淨切絲，再切成細末備用。

2. 牛肉洗淨先切小塊，再剁成肉泥備用。

3. 牛肉泥加入蔥末和所有調味料，用筷子朝同一個方向攪拌，直到肉餡出現黏性，並將所有原料都混合均勻為止。

🥄 製作過程：

① 將麵粉、水、鹽混合，用筷子攪拌成糊狀。

② 把麵團原料揉成光滑的麵團。

③ 麵團完成後，表面蓋上濕布醒麵半小時，醒麵的時間可以用來製作餃子餡。

④ 把餃子麵團平均切割成兩份，分別搓成細條長柱狀，切成小塊。（圖1）

⑤ 砧板上撒上乾麵粉，把麵團塊壓扁，用擀麵棍擀成圓形麵皮。

⑥ 將餡料包入麵皮中，對半折並摺出餃子的皺褶。（圖2）

⑦ 燒一鍋開水，水開後下餃子，把水煮開後，加入一些冷水；第二次沸騰後再加一次，直到第三次沸騰，並且餃子浮起，就是煮熟了。（圖3）

 麥小小說：

◆ 如果有人覺得剁牛肉麻煩，也可以在買的時候就讓肉販把肉絞好，如果家中有絞肉機的也可以用絞肉機製作。

◆ 不同的沙茶醬品質也可能不同，有些沙茶醬稠似膏狀，需要另外再加入適量水調稀以後再進行餃子的製作喔！

圖1

圖2

圖3

魚香肉末餃

　　魚香肉絲是我家的名菜,我從小就喜歡魚香肉絲,第一道做出令自己滿意的菜就是它。當時真的好感激它,感激它沒有失敗,從此便開啟了我踏足廚界的契機,在裡面瘋狂折騰而從未疲倦。魚香肉絲的味道真是好,鹹、香、辣、脆、滑兼備。有鹹辣的豆瓣醬、香香的蔥、薑、蒜,脆脆的黑木耳,再加上快炒的細嫩肉絲蓋在白米飯上,這樣的搭配,怎一個「好吃」可以概括?某天我突然突發奇想,將這樣一道謀殺米飯的下飯菜包到餃子裡,讓我們一起看看會如何吧!

下飯菜的另類運用

 材料：

餃子餡

◆ 豬絞肉360克　　◆ 香蔥40克　　◆ 黑木耳140克（泡發後）
◆ 豆瓣醬50克　　◆ 老抽醬油5克　　◆ 香油、鹽各適量
◆ 糖15克　　◆ 薑適量　　◆ 蒜適量

餃子皮

◆ 鹽1克　　◆ 水130毫升　　◆ 中筋麵粉250克

準備：

1. 黑木耳提前泡發，剁成碎塊備用。
2. 香蔥、薑和蒜洗淨，都切成細末備用。
3. 把處理好的豬絞肉、黑木耳、豆瓣醬、老抽醬油、糖、香蔥末、薑末、蒜末、香油混合，用手抓勻，餡料完成。

製作過程：

❶ 麵粉、水、鹽混合，用筷子攪拌成團狀。
❷ 把麵團原料揉成光滑的麵團。
❸ 麵團完成後，表面蓋上濕布醒麵半小時，等待的時間可以用來製作餃子餡。
❹ 把餃子麵團搓成長柱狀，切成小塊。（圖1）

圖1

❺ 砧板上撒上乾麵粉，把麵團塊壓扁，用擀麵棍擀成圓型麵皮。（圖2）

圖2

❻ 取餡料包入麵皮中，對半折起並捏出餃子的皺褶。（圖3）
❼ 燒一鍋開水，水開後放入餃子，把水煮開後，加入冷水，第二次沸騰時再加一次；直到第三次沸騰，並且餃子浮起，就是煮熟了。

圖3

 麥小小說：

◆ 做餃子餡時最好用手抓，不僅能讓肉泥更滑順，也能使所有原料混合得更好。
◆ 做這款餃子，用乾木耳泡發後來製作最好，因為乾貨會帶有脆度，若用新鮮木耳則不會有這種效果。

黑木耳玉米雞肉煎餃

　　雞肉的質感細嫩，怎麼做都好吃，但把雞肉做成餡，包在餃子裡面對我來說還是頭一回。考慮到雞肉的嫩，於是我拿了黑木耳的脆和玉米的清甜來搭配，這樣的作法看似奇怪，口感卻是很好的。特別是把這餃子皮煎得金黃酥脆時，香噴噴的煎餃瞬間美味升級。不要再執迷於傳統口味的餃子餡，趕緊把這樣的新口味煎餃推薦給家人試試吧！

嚐嚐新口味的煎餃吧！

 材料：

餃子餡

◆ 玉米200克　　◆ 黑木耳20克　　◆ 雞腿3個　　◆ 排骨醬50克
◆ 老抽醬油14克　◆ 鹽3克　　　　◆ 水150毫升

餃子皮

◆ 中筋麵粉300克　◆ 水160毫升　◆ 鹽1克

準備：

1. 玉米剝粒，用水燙熟瀝乾備用。

2. 黑木耳提前2小時泡發，洗淨過熱水，瀝乾後切成細末備用。

3. 雞腿洗淨去皮，切小塊後剁成雞肉泥。

4. 玉米粒、雞肉泥、黑木耳倒在一起，加入調味料，朝同一個方向攪拌，直到餡料帶有黏性，餃子餡完成。

製作過程：

❶ 麵粉、水、鹽混合，用筷子攪拌成糊狀。

❷ 把麵團原料揉成光滑的麵團。

❸ 麵團完成後，表面蓋上濕布醒麵半小時，等待時間可用來製作餃子餡。

❹ 把餃子麵團平均切割成兩份，分別搓成細條長柱狀，切成小塊。（圖1）

❺ 砧板上撒上乾麵粉，把麵團塊壓

扁，用擀麵棍擀成圓型麵皮。

❻ 取餡料包入麵皮中，對半折並捏出餃子皺褶即可。（圖2）

❼ 往平底不沾鍋中倒入適量油，放入餃子，開中小火煎至餃子底部呈金黃色。（圖3）

❽ 倒入麵粉水，開中火，加蓋，煮至水分完全蒸發即可。

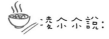 **麥介介說：**

◆ 雞肉不一定只侷限於雞腿肉，選用雞胸肉也可以。

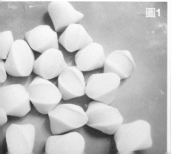
圖1

圖2

圖3

酸筍煎包

　　包子可以蒸、烤、乾煎、水煎；內餡也不例外，不管是包肉、包菜、包糖心，吃法有各式各樣，麵點的歷史可以追溯到新石器時代，從那以後，聰明的中國人就賦予了麵食更廣泛的吃法。

　　本篇的酸筍煎包，是一種柔軟與美味的結合。酸筍是一種醃製食品，有一股非常特殊的酸臭味，味道很特別。

兼顧煎包的柔軟與美味！

材料：

餡料

- ◆ 豬絞肉400克
- ◆ 酸筍200克
- ◆ 香蔥15克
- ◆ 老抽醬油25克
- ◆ 香油10克
- ◆ 鹽4克
- ◆ 糖10克

包子皮

- ◆ 中筋麵粉300克
- ◆ 水150毫升
- ◆ 酵母3克
- ◆ 鹽1克
- ◆ 細砂糖15克

準備：

豬肉剁成肉末，加入餡料中的調味料和酸筍，往同一個方向攪拌，直到起筋出現黏性。

製作過程：

1. 麵團原料全部攪拌成團，反覆揉麵，直到揉出光滑的麵團。

2. 放到深盆裡發酵至原來的兩倍大左右。

3. 麵團發酵完成取出排氣，平均切割成一樣的大小。（圖1）

4. 小麵團壓扁，擀成中間厚兩邊薄的麵皮，裝入適量肉餡，摺好收口，使收口朝下放置，醒麵10分鐘。（圖2）

5. 麵團表面抹上少量水，撒上白芝麻。（圖3）

6. 煎鍋內倒入適量油，燒熱，放入醒麵好的煎包，將兩面煎成金黃色即可。

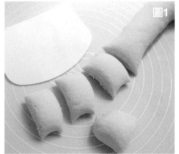
圖1

圖2

麥介介說：

◆ 煎包一定要用小火慢煎，慢慢煎出外層金黃色外皮，如果火力太大，會造成外皮煎好但內餡夾生的情況喔！

◆ 醒麵的過程在很多麵食中都很常見，如包子、饅頭、花卷、大餅等。不同於後面提到的蔥肉餅，下一篇製作的麵團比較軟，吃起來口感Q彈，而發酵後的麵團吃起來鬆軟可口，還帶著一股原始麵香，用油稍微煎一下，外脆肉軟，很適合給家人加菜。

圖3

家庭自製蔥肉餅

　　說到麵食，我就止不住大愛之情。本篇的蔥肉餅，我用的是比較特別的作法。先加一部分熱水攪拌麵粉，麵粉變成疙瘩狀後再加冷水，最後再把麵團整好，再來就是像平時做包子、饅頭、麵包一樣，以手工揉麵，不用太久，大概10分鐘左右，使得麵團表面光滑了就行了。這樣揉出來麵團比較軟，適合做煎包、煎餅、烙餅等，吃起來口感較Q彈，有嚼勁。

水煎法的妙用！

材料：

蔥肉餡

- ◆ 豬絞肉150克
- ◆ 蔥30克
- ◆ 生抽醬油15克
- ◆ 黑胡椒1克
- ◆ 鹽、糖各適量
- ◆ 豆豉油適量

麵團

- ◆ 中筋麵粉150克
- ◆ 熱水72毫升
- ◆ 冷水36毫升

準備：

1.蔥洗淨，切成蔥粒備用。

2.豬肉切成小塊，放入攪拌機裡打成豬肉泥（打成肉泥，會使豬肉餡吃起來比較滑潤）。

3.豬肉泥和蔥粒加入豆豉油2小匙、黑胡椒1小匙，鹽、糖適量拌勻，放置一旁入味。

製作過程：

❶ 麵粉中加入熱水，用筷子迅速攪拌，再用手抓麵團，直到麵團變成疙瘩狀為止。

❷ 加入冷水繼續和麵，把麵粉和水都揉勻。

❸ 在砧板上繼續揉麵，直到麵團表面光滑柔軟。

❹ 把麵團放置一旁，表面蓋上保鮮膜醒麵30分鐘。（圖1）

❺ 把醒好的麵團平均切成5份（大約50克／個）。

❻ 砧板上撒些麵粉，把麵團塊擀成圓型，中間包入肉餡，捏好收口朝下放置。（圖2）

❼ 把包好的蔥肉餅略壓扁，整成圓形即可，

❽ 熱油鍋，開中小火，放入蔥肉餅，將兩面煎成金黃色即可。（圖3）

凌小小說：

◆ 煎餅時最好開中小火，慢火慢煎，使肉外都能熟透，切忌大火煎餅，否則易造成外熟肉生的情況。

圖1

圖2

圖3

附錄：Plus 1

手工麵條
Q彈的手工麵條是這樣製作的！

　　麵條是我非常愛吃的主食，自從買了壓麵機後，我就開始自己動手製作個性麵條。自家製的麵條，煮好後不管放多久都不會黏在一起變成麵疙瘩，筋道爽滑如剛出鍋一般，真的很令人驚喜喔！

材料：

◆ 中筋麵粉300克　　◆ 雞蛋70克　　◆ 水50毫升　　◆ 鹽1克

製作過程：

❶ 將所有原料混合在一起，用筷子把麵粉和雞蛋攪成疙瘩狀。

❷ 用手揉成麵團，麵團很乾，要有耐心把它們都揉好，只需要成團不鬆散就行。不用一定要揉到光滑狀態，因為過壓麵機後自然會變光滑。

❸ 將壓好的麵團分成兩塊，取其中一塊，用擀麵棍壓得扁一些，讓其容易通過壓麵機。

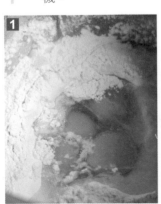

④ 開壓麵機，讓麵團過壓麵機3、4遍。

⑤ 麵皮對折，在過3次壓麵機。

⑥ 將壓麵機開3檔，將麵皮再過5、6遍，讓麵皮出現光澤，用刷子沾點麵粉刷在麵皮上，再過壓麵機2、3次。

⑦ 麵皮切半，壓麵機開5檔，將兩塊麵皮分別過壓麵機3、4遍。

⑧ 將壓麵機轉麵條檔，在過完5檔的麵皮上撒些麵粉過壓麵機，粗麵條就出來囉！

⑨ 在做好的麵條上再撒一點麵粉，防止其放久了又黏在一起。

 麥小小說：

◆ 我的壓麵機是電動的，使用起來不費力，多過幾次壓麵機後，麵團就變光滑了。在家做麵條，好吃乾淨又美味，推薦喜歡DIY的人購買一台，如果沒有壓麵機也可以辛苦些自己用擀麵棍擀製。

◆ 有人問，為什麼有的麵條這麼容易黏在一起變成麵粉疙瘩？我想除了麵粉筋度外，水也可能加太多了，使得麵團不夠硬。因此，要想讓麵條好吃，水一定要少，麵團一定要硬才是王道。

附錄：Plus 2

黑芝麻吐司
麵包機做麵包過程全分享！

　　這邊將以黑芝麻吐司為例，與大家分享麵包機自製麵包的詳細過程。堅果的香氣總是讓人難以抗拒，這一份帶著黑芝麻香氣的主食麵包最能提起家人的胃口，黑芝麻補肝腎、潤五臟、益氣力、長肌肉，用於養髮也非常有效，想擁有一頭烏黑的秀髮便可透過吃黑芝麻來實現。用麵包機製作麵包非常簡便，具體操作請見以下描述。

 材料：

- ◆ 黑芝麻25克
- ◆ 低筋麵粉100克
- ◆ 高筋麵粉300克
- ◆ 奶油40克
- ◆ 鹽5克
- ◆ 糖40克
- ◆ 雞蛋55克
- ◆ 水217毫升
- ◆ 酵母5克

製作過程：

❶ 黑芝麻炒香放涼，用磨粉機略磨一下，保持粗粒狀，不要完全磨成粉。

❷ 將除了奶油外的所有原料均倒入麵包機桶內，開啟攪拌模式約20分鐘。

❸ 加入奶油，繼續揉麵約25分鐘。

④ 取出麵團檢查筋度，若能輕鬆撐開透明筋膜，則揉麵完成。

⑤ 將麵團重新滾圓放入麵包機，在室溫中發酵至麵包機八分滿處。

⑥ 開啟麵包機烘焙程序，烤50分鐘即可。

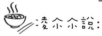凌尛尛說：

◆ 黑芝麻最好先炒熟以後再用來製作麵包，否則不僅不香，還會有澀澀的味道喔！

◆ 研磨黑芝麻時不用磨太久，否則黑芝麻容易出油，出油的黑芝麻粉就容易結塊，不易操作。

好饗受 018

家的幸福味道

60道不麻煩、健康又省錢的米飯麵食好滋味，即使一個人也能在家好好吃頓飯

速、易、省，5-8步驟簡單上手，隨時滿足你念想的米飯麵食味！

作　　者	凌尒尒
顧　　問	曾文旭
總 編 輯	黃若璇
編輯統籌	陳逸祺
編輯總監	耿文國
主　　編	陳蕙芳
執行編輯	賴怡頻
特約美編	海獅子
封面設計	吳若瑄
圖片來源	圖庫網站 Shutterstock
法律顧問	北辰著作權事務所

印　　製	世和印製企業有限公司
初　　版	2020年02月
	本書為《回家開飯很簡單（米飯麵食篇）：60道省錢×健康×一次就會的米飯麵食料理，即使一個人也能在家好好吃飯》之修訂版
出　　版	凱信企業集團-開企有限公司
電　　話	（02）2773-6566
傳　　真	（02）2778-1033
地　　址	106 台北市大安區忠孝東路四段218之4號12樓
信　　箱	kaihsinbooks@gmail.com

定　　價	新台幣350元
產品內容	1書

總 經 銷	采舍國際有限公司
地　　址	235新北市中和區中山路二段366巷10號3樓
電　　話	（02）8245-8786
傳　　真	（02）8245-8718

國家圖書館出版品預行編目資料

家的幸福味道：60道不麻煩、健康又省錢的米飯
麵食好滋味，即使一個人也能在家好好吃飯 / 凌
尒尒著. -- 初版. -- 臺北市：開企，2020.02
面；　公分
ISBN 978-986-98556-0-0(平裝)

1.食譜

427.1　　　　　　　　　　　　　　108020667

一點心意、一點新意，
讓生活從此不再平凡！

一點心意、一點新意，
讓生活從此不再平凡！